基于知识工程的电牵引
采煤机现代设计

Modern Design of Electrical Traction Shearer Based
on Knowledge Engineering

丁华 著

国防工业出版社

·北京·

内 容 简 介

本书针对电牵引采煤机现代设计技术研究存在的问题,将知识工程理论融入电牵引采煤机设计领域进行研究,面向采煤机总体设计和部件设计及 CAE 分析过程三个主要阶段,建立了基于知识工程的电牵引采煤机现代设计体系框架;给出了解决知识工程中的三大关键技术,即知识获取、知识表示和知识推理问题的理论依据及技术路线;提出了基于混合知识表达模型的电牵引采煤机知识表示方法,研究了基于 ε 一致性准则的粗糙集扩展模型的电牵引采煤机总体技术参数知识获取方法,提出了基于知识融合推理模型的电牵引采煤机概念设计推理方法,构建了基于组件技术的采煤机远程 CAD/CAE 集成设计与分析模型。在此研究基础上,开发了基于知识工程的电牵引采煤机现代设计系统,提高了电牵引采煤机设计的自动化和智能化程度,为电牵引采煤机设计知识共享与继承提供了有效途径。

全书总结了作者在该领域研究中所取得的最新研究成果,希望为从事现代设计、知识工程理论与方法研究的学者及研究生进行相关研究提供参考和帮助。

图书在版编目(CIP)数据

基于知识工程的电牵引采煤机现代设计/丁华著.
—北京:国防工业出版社,2015.12
ISBN 978 − 7 − 118 − 10440 − 0

Ⅰ.①基… Ⅱ.①丁… Ⅲ.①电牵引采煤机—
机械设计 Ⅳ.①TD421.6

中国版本图书馆 CIP 数据核字(2015)第 296854 号

※

国防工业出版社出版发行

(北京市海淀区紫竹院南路 23 号 邮政编码 100048)
腾飞印务有限公司印刷
新华书店经售

*

开本 710×1000 1/16 印张 11 字数 192 千字
2015 年 12 月第 1 版第 1 次印刷 印数 1—2000 册 定价 68.00 元

(本书如有印装错误,我社负责调换)

国防书店:(010)88540777 发行邮购:(010)88540776
发行传真:(010)88540755 发行业务:(010)88540717

前 言
PREFACE

随着经济水平的发展,煤炭依然占据着能源的主导地位,这就预示着我国煤炭工业将继续向着高产高效的方向发展。采用先进的现代设计方法研制出高效的采煤机械满足对煤炭日益增长的需要已经成为当务之急。电牵引采煤机械设计是一个十分复杂的决策和设计过程,迄今为止主要依靠设计者的经验,现有的计算机辅助设计仅仅局限于计算、绘图、三维建模等方面,还不能与设计过程相结合进行全面的创新设计。如何运用现代设计方法获取设计经验和知识,将其形式化表示、保存并应用于整个设计决策和设计过程中,实现设计自动化与智能化,是电牵引采煤机现代设计方法研究的重要内容。

本书针对电牵引采煤机现代设计技术研究存在的问题,将知识工程融入电牵引采煤机设计领域进行研究,面向采煤机总体和分系统设计及 CAE 分析过程三个主要阶段,建立了基于知识工程的电牵引采煤机现代设计体系框架,给出了解决知识工程中的三大关键技术即知识获取、知识表示和知识推理问题的理论依据和技术路线。在此研究基础上,开发了基于知识工程的电牵引采煤机现代设计系统,提高了电牵引采煤机设计的自动化和智能化程度,为电牵引采煤机设计知识共享与继承提供了有效途径。

提出了基于混合知识表达模型的电牵引采煤机知识表示方法。针对电牵引采煤机设计领域知识的可分解性、多样性和模糊性等特点,提出以面向对象的知识表示方法为主、产生式规则知识表示方法和过程式知识表示方法为辅的混合知识表达模型,将对象信息、设计过程和经验规则集中表达于模型中,实现了设计对象及其设计知识的集成。研究了电牵引采煤机设计知识库的构建方法和组织策略,给出了知识库中实例库、规则库、模型库、零件库、材料库及 CAE 分析库的存储结构和实现方法。

研究了基于 ε 一致性准则的粗糙集扩展模型的电牵引采煤机总体技术参数知识获取方法。分析了面向产品实例的经验性知识获取策略,采用基于 ε 一致性准则的粗糙集扩展模型进行知识获取,经过仿真实验表明,该方法有效解决了经典粗糙集理论与广义邻域粗糙集模型都无法处理的既包含离散数据又包含连续数据的混合数据模式的决策系统问题。结合电牵引采煤机概念设计中的总体参数确定过程,构造了电牵引采煤机总体技术参数知识获取模型。经实例验证,该模型能够有效提取总体参数实例中的规则,为进一步知识推理奠定了推理基础。

提出了基于知识融合推理模型的电牵引采煤机概念设计推理方法。对实例推理中的近邻算法进行了改进,并基于支持向量机回归模型挖掘出设计需求与产品特征参数之间的联系,采用粒子群优化算法对 SVM 模型进行了参数优化,并得到了仿真实验验证。针对电牵引采煤机概念设计过程,将实例推理、模型推理和规则推理三种知识推理技术结合,构建符合设计思维的融合知识推理模型,通过工程应用实例验证了其可靠性。

提出了基于组件技术的采煤机远程 CAD/CAE 集成设计与分析模型。在参数化设计思想的指导下,研究了远程 CAD 参数化设计与参数化有限元分析集成的关键技术,并在网络环境下实现了电牵引采煤机零件的 CAD 建模与 CAE 分析的集成,缩短了设计与分析周期。

开发了基于 KBE 的电牵引采煤机现代设计系统。在 Unigraphics 平台上,利用二次开发工具 UG/Open、数据库技术、CAD/CAE 技术开发了系统,该系统包括概念设计、参数化设计、CAE 分析和知识管理等子系统。目前系统已在企业得到了成功应用,验证了理论研究结果的正确性,表明取得的研究成果具有良好的应用前景。

本书的目的是介绍作者在基于知识工程的电牵引采煤机现代设计研究中的一些经验,总结了本人在该领域研究中所取得的最新研究成果,希望为从事该理论研究的学者及研究生进行相关研究提供参考和帮助。

在本书写作过程中,我的博士生导师原太原理工大学机械工程学院院长杨兆建教授对研究内容给予了全面的指导和帮助,廉自生、刘混举、王义亮、任芳、王学文、李娟莉、庞新宇等教授在课题研究期间提出了许多建设性意见,太重煤机有限公司经理郝尚清和技术中心主任郭生龙等为课题在企业的调研和应用提供了良好的环境和大力支持,同一课题组的宋高峰博士、姚晶等硕士承担了课题中的辅助工作,在此一并表示衷心的感谢!

另外,本书得到了国家留学基金(201406935030)、山西省科技重大专项(20111101040、20131101026)的资助,在此表示感谢。

困于作者的知识水平,书中难免有不足之处,恳请广大读者提出宝贵意见。

作 者
2015 年 6 月

目　录
CONTENTS

第1章

绪　论

1.1　研究目的与意义

当前,全球经济正处于一个根本性的变革时期,人类社会正由以原材料和能源消耗为基础的"工业经济"时代,步入以信息和知识为基础的"知识经济"时代。知识经济是以知识为基础的经济,直接依赖知识和信息的生产、扩散和应用。现代产品开发的每个阶段需要包含大量的知识,设计过程实质上是一个知识驱动的创新设计过程。知识工程正是面向现代设计要求而产生、发展的新型智能设计方法和设计决策自动化的重要工具,已成为促进工程设计智能化的重要途径[1]。

电牵引采煤机体积庞大、结构复杂,近年来,随着装机功率的不断加大,其研发成本也日益增加,其中设计工作决定了采煤机械成本的 80% 和质量的 70%。因此,在研制和开发采煤机械时,设计方法是十分重要的。目前我国大部分电牵引采煤机的研发单位所用的设计方法仍然是传统的经验类比设计方法。在设计完成后,为了验证设计,通常要制造样机进行实验,有时这些实验甚至是破坏性的。当通过实验发现缺陷时,又要回头修改设计并再用样机验证。只有通过周而复始的设计—实验—设计过程,产品才能达到要求的性能。这一过程是冗长的,尤其对于结构复杂的系统,设计周期无法缩短,更谈不上对市场的灵活反应。在竞争日益激烈的市场背景下,基于传统设计的产品研发严重地制约了产品质量的提高、成本的降低和对市场的占有,也不可能生产出可与国际上先进的采煤机相匹敌的产品。在未来的几十年内,煤炭仍然是我国能源的重要原料。我们必须开发出先进、高效的采煤机械,才能满足对煤炭日益增长的需求。现代设计方法的研究以及 21 世纪日益激烈的市场竞争对电牵引采煤机设计效率提出了更高的要求,电牵引采煤机设计日趋复杂,设计成功与否取决于所采用的技术和知识,尤其是新知识、新技术的含量。

目前国内电牵引采煤机设计存在以下普遍现象：

（1）由于原有的技术图档、手册等资料分散，没有实现有效的管理、利用，大都采用图纸的方式来保存，知识管理的落后导致了采煤机知识关系的割裂，造成了技术易流失和知识共享的困难，削弱了企业技术开发能力。

（2）仍使用传统设计方法，即设计者主要凭借直觉和经验，以生产的经验数据为设计依据，运用一些基本的设计计算理论，借助类比、模拟和试凑等设计方法来进行设计，缺乏智能化的知识推理，同时缺乏设计方法学的支持。

（3）虽然有些企业使用了计算机辅助设计技术，但还停留在二维中、三维软件的初级使用阶段，尚不能与设计业务流程进行紧密结合对设计工具进行深入利用，未形成专业的支撑电牵引采煤机设计的平台。

（4）企业 CAE 研究不深入，对于采煤机的一些关键零部件结构不可避免地存在着过设计或欠设计现象，势必增加大量的实验投资，致使生产成本一直居高不下，产品可靠性也得不到保证，极大地制约了产品市场竞争力的提高。另外，科研机构对采煤机零部件的 CAE 分析很大程度上依赖 CAE 专家的知识水平，仅采用计算机可视化技术分析是不充分的，缺乏有效的方法对大量 CAE 分析结果数据进行管理和分析，造成大量 CAE 知识的流失。

知识工程是将计算机技术、数据库技术、网络技术和人工智能技术相结合的综合性学科，主要研究知识获取、知识表示和知识推理的理论方法，以及将这些理论方法和技术在各行业实际系统中的应用。将知识工程引入电牵引采煤机设计中正是针对以上问题提出的，是电牵引采煤机计算机辅助设计技术发展到现阶段的产物，利用知识获取理论与方法获取电牵引采煤机设计实例中的经验和规则，利用知识表示理论与方法实现电牵引采煤机设计知识的继承与共享，利用知识推理理论与方法实现智能化设计过程，既继承了以往成功的设计成果，又具有创新设计的功能，实现产品设计中继承性与创新性的有机统一。

本书研究的目的是通过对知识工程的知识表示、知识获取和知识推理理论方法的分析和探讨，为电牵引采煤机计算机辅助设计系统的开发提供理论和技术支持。系统的成功开发将有利于对电牵引采煤机庞大的设计知识的管理并提供集设计、建模、仿真、分析过程为一体的知识智能支持，降低产品开发成本，缩短研发周期，提高产品知识技术含量、创新性和竞争力。

基于知识工程的电牵引采煤机现代设计方法和系统的研究是在现代信息技术的支持下对传统的产品开发方式的一种根本性改进，具有重要的理论和现实意义：

（1）探索了知识工程应用于电牵引采煤机的设计和系统实现方法。

调研结果显示目前国内外尚未实现应用知识工程进行电牵引采煤机设计

的研究,电牵引采煤机设计领域完全凭经验设计。本研究建立完善的电牵引采煤机知识资源体系,对电牵引采煤机设计资源和知识进行形式化描述、组织、管理、重用,建立科学合理的知识获取机制,获取电牵引采煤机设计专家的设计知识并经过知识推理实现专家知识在电牵引采煤机主要设计过程中的有效应用,是实现知识工程与现代设计方法在电牵引采煤机设计领域有机结合的有益探索。

(2)有助于采煤机企业设计经验知识的重用。

采煤机设计是对经验要求较高的行业之一,设计的成败很大程度上取决于设计专家的经验。即使是一个经验丰富的设计专家,面对许多新的设计任务时,也需要经过多次反复修正的过程。电牵引采煤机现代设计系统的开发将企业设计专家几十年积累的设计经验和知识以软件的形式继承和保留下来并融合到产品设计中去,有利于电牵引采煤机设计知识的继承与重用[2],有着广阔的应用前景。

(3)提高产品设计效率,减轻了重复性设计劳动。

电牵引采煤机现代设计系统的开发,以实现电牵引采煤机设计的智能化和自动化为目的,最终把设计者从繁琐的劳动中解放出来。将电牵引采煤机关键零件的 CAE 分析结果归纳组织为知识库,方便非 CAE 专业设计人员查询和使用,提高了设计效率和设计质量。基于 Web 的电牵引采煤机 CAD/CAE 集成平台加强了产品信息的共享和交换,使设计工作更加方便、快捷。

(4)增强采煤机企业竞争力。

推动企业逐步实现数字化设计和数字化管理技术的开发应用和集成创新,对形成数字化企业可以起到推动作用[3]。利用知识工程现代设计方法能够更好地保证产品质量,提高设计效率,提升设计理念和产品在国内外市场上的竞争能力[4]。

1.2　国内外研究现状

1.2.1　产品设计的现代设计方法研究现状

1. 产品现代设计方法

针对传统设计方法的局限,近年来美国等发达国家提出了产品现代设计方法。现代设计技术在波音 777 研制中的成功应用引起了全世界的瞩目,取得了显著效果:设计更改减少 93%、出错返工率减少 75%、研制周期从 8 ~ 9 年缩短为 4.5 年、降低成本 25%[5]。国际上,现代设计方法的指导思想在产品研发中的应用日益引起广泛关注,整个欧洲、日本、美国、印度等把现代设计应用于产品设计之中,加速了产品更新换代[6,7]。

现代设计是以专业化设计技术为基础,与以信息技术为代表的技术充分融合,形成面向产品结构设计、分析计算、虚拟仿真、并行工作、分布式协同的设计工具、手段以及全新的设计理念。进入知识经济时代,传统的知识结构已经转化为数字化的信息,其研究方式和传播方式也发生了巨大的改变。由于这种转化,使知识的检索、获得、操作、组织、创造、价值均发生了改变,这就需要我们有认识和研究新知识形式的能力,即运用数字化技术表达和使用新的设计知识。数字化知识是一种用信息技术表达的知识,就是将传统的知识形式转化为如程序、应用软件等形式。现代设计技术包括计算机辅助设计技术(CAD)、计算机辅助分析(CAE)、计算机辅助制造(CAM)、产品数据管理(PDM)技术、计算机辅助工业设计(CAID)、虚拟样机技术(VP)、知识工程技术(KBE)、快速原型制造(RPM)技术、并行工程技术、分布式异地协同设计技术、多学科综合优化技术和数字样机技术等,贯穿产品设计、分析、制造全过程,是一项多学科的综合技术。

国外现代设计研究领域主要集中在航空、建筑、汽车领域,研究内容主要是利用先进的 CAD 建模软件和 CAE 分析软件对某一设备进行数字化设计,达到提高产品质量、缩短开发周期等目的。英国贝尔法斯特皇后大学航空航天工程学院的 R. Curran 等人开发了基于 Dassault V5 平台的商用飞机航行器的现代设计系统[8];麻省理工学院建筑系运用现代设计技术开发了房屋的三维模型并进行了有效的仿真优化设计[9];德国萨尔布吕肯大学探讨了数字化工厂中现代设计、装配和仿真相结合的理论,并利用 CATIA V5 开发了汽车工业的应用实例验证了此理论的可行性[10];马来西亚普渡大学 S. H. Tang 等人开发了塑料模具现代设计系统,在 UG 软件建模和 LUSAS Analyst 软件有限元分析之后修正了模型,优化了模具的设计[11];M. Jolgaf 等人利用同样的方法开发了模型锻造加工的 CAD/CAE/CAM 系统[12]。文献[13–15]分别基于 SolidWorks、Pro/E 和 CAT-IA 软件开发了产品的 CAD/CAE 综合系统。

国内现代设计研究在汽车设计领域应用最为广泛,例如同济大学彭岳华博士等人开发的汽车悬架设计软件[16],重庆大学杨德一等人利用 UG 开发了基于知识工程的汽车总体现代设计系统,利用 UG 二次开发模块实现了参数化设计,然后利用 ADAMS 软件中进行动力学分析[17]。文献[18]利用 UG 软件的 CAD 模块和 CAE 模块对汽车内部结构进行虚拟设计、虚拟装配、运动学仿真分析。除此之外,对模具[19,20]、机构系统[21]、挖掘机[22]、潜油螺杆泵采油系统[23]、液压缸[24]、同向双螺杆[25]、注塑机[26]、舰船行业[27]等领域及设备的现代设计研究也有相关报道。

产品的现代设计模式具体表现为参数化设计、集成化设计、网络化设计和智能化设计四个形式,研究现状总结如下:

1)参数化设计方法

参数化设计是在设计对象结构比较定型的基础上,用一组参数来表示尺寸值和约束关系,其核心是尺寸参数驱动。模型的参数化不仅可以提高建模效率,而且可以提高 CAD 系统的灵活性。浙江大学吴伟伟博士利用 VB 开发了基于 SolidEdge 的注塑机参数化变型设计系统[28],论文[29-31]均是基于 UG 平台开发的零件库和模型库系统,实现了零件的参数化建模。四川大学的王冬梅博士基于知识融合技术实现了滑动螺旋机构的参数化设计[32]。

2)集成化设计方法

集成化设计是把设计、分析、工艺、加工、管理等各个环节的各种功能有机地结合起来,统一数据的描述及交换,协调各功能的有效运行。集成化 CAD 能缩短产品研制周期,增强企业的竞争力。

集成化研究主要表现在三个方面,一方面是研究 CAD 与 CAE 软件的接口技术,例如文献[33]利用 UG 的二次开发工具 GRIP 和 ANSYS 的 APDL 模块编写接口程序,提出了 CAD 模型到 ANSYS 有限元模型的自动转换。文献[34,35]利用 UG 二次开发工具实现了参数化建模,利用 ANSYS 的 APDL 实现参数化有限元分析,但 CAD 建模和 CAE 分析两部分仍各自独立,并未实现真正意义上的 CAD/CAE 集成。文献[36,37]研究主要集中在 CAD/CAE 软件之间的模型转换,通过自编接口程序输出到 CAE 系统中,达到"零失真"的效果。另一方面是各个功能模块的接口集成问题。机械产品的设计过程与 CAD 模型关系密切,因此大多数系统都与 CAD 系统紧密集成。文献[38]利用 OLE 自动化技术解决应用软件与 CAD 软件(CATIA)的集成问题,开发了机械产品智能化设计与经营决策集成系统。西安交通大学宿月文博士开发的连续采煤机智能设计系统[39]以 SolidWorks 为基础平台将专家系统、参数化建模集成在 CAD 软件环境下;同济大学开发的基于虚拟设计环境的轿车悬架系统设计平台[40,41]将数据库、CAD 模块、CAE 模块各个模块集成并运行于 UG 环境下。此外,KBE 与 CAD/CAE 系统的集成方法研究也是一个重要方向,文献[42-45]是使用带推理机制的几何对象处理工具如 UG/Knowledge Fusion 模块实现知识驱动的几何设计;文献[46]利用 UG CAD 平台提供的 API,通过应用程序接口 API 实现 CAD 环境与知识的集成。

3)网络化设计方法

随着 Internet 技术的应用不断深入,基于 Web 的现代设计技术也日益完善。网络的最大作用是实现资源共享。产品开发中也越来越多地需要进行信息的共享与交换,以使得设计工作更加方便、快捷。因此对产品的现代设计提出了更高的 Internet 化的要求[47]。

目前基于 Web 的现代设计系统研究日益增多,清华大学早在 2003 年就基于 AutoCAD 开发了基于网络的机械设计平台[48],能够实现参数化绘图和标准零件库;上海交通大学的台立钢博士以电梯设计为例集成建立了机械产品集成化快速定制设计系统[49]。文献[50,51]利用 CATIA 的 VBA 接口和 Web 技术构建了基于 Web 的 CATIA 产品三维模型信息共享系统和三维产品远程设计系统,开发理念和技术较为先进,但都是基于 CATIA 平台的,开发软件不适合本课题的使用。文献[52-54]基于 B/S 三层模式利用 ASP 技术和 COM(Component Object Model)组件技术开发了减速器、齿轮、数控磨床的三维模型远程设计。文献[55]利用 COM/DCOM 方式建立了基于 UG 外部开发模式的分布式零件参数化设计系统,大连理工大学徐毅博士开发了基于 Web 和 Pro/E 的零部件设计重用系统[56],实现了网络环境下零件参数化设计的功能。

4) 智能化设计方法

智能化设计是根据具体设计方法、技术及经验,在处理数值性的工作的基础上,进行推理型工作,包括方案构思与拟订、最佳方案选择、结构设计、评价、决策以及参数选择等。将专家系统与 CAD 技术结合起来,是大多数智能化 CAD 系统采用的方法。东北大学的黄晓云博士开发了汽车总体设计专家系统[57],辽宁工程技术大学的李晓豁教授等人建立了连续采煤机滚筒设计专家系统和装载系统故障诊断的专家系统[58,59]。西安交通大学宿月文博士以 SolidWorks 和 AD-AMS 软件为基础平台,用 VB. Net 开发了以设计、评价专家系统及参数化建模技术为核心的履带式采煤机智能设计系统[39]。

早期智能系统中,智能化设计大多以设计型专家系统形式出现,存在许多缺陷:缺乏对数值计算的集成;缺乏对众多领域知识的集成;缺乏对多种任务和功能的集成,因而设计对象的规模和复杂性都受到限制。而现代工程设计是一个知识驱动的创造性过程,它包含了对知识的继承、集成、创新和管理。为了适应现代工程设计日益强烈的创新要求,有必要改造传统的设计型专家系统和智能 CAD,建立新型的智能设计方法,使之不仅可以胜任常规设计,更能支持创造型设计。

2. 基于知识工程的产品设计方法

随着知识工程概念的提出,基于知识工程的系统所包含知识的范围无论从深度以及广度都远远超过目前专家系统所包含的知识,问题求解的范围和能力也更强。实现自动化是现代设计的发展方向和目的,而自动化的基础是智能化和知识的集成,从而基于知识工程的设计方法成为了当前的研究热点和主要研究方向。

　　知识工程是领域专家知识的继承、集成、创新和管理，是 CAX（包括 CAD、CAM、CAPP、CAE）技术、PDM 技术和 AI（Artificial Intelligence）技术的集成，是面向现代设计要求而产生、发展的新型智能设计方法和设计决策自动化的工具。传统的产品设计中，设计过程是以产品的几何模型为中心。设计过程是一个非常繁琐、反复的过程，CAD、CAE 工具只是产品设计的辅助工具，无法集成于统一的设计系统中。而基于 KBE 的产品设计方法中，设计过程是以产品的知识模型为中心的。设计专家的经验和已有的设计实例、分析结果都存储在知识库中，整个设计过程不需要完全依赖于设计专家的设计经验，也不需要太多的人工干预，部分依赖于 KBE 系统就可以实现设计过程自动化。

　　英国 Chapman 博士指出：到 2010 年，KBE 对于企业的重要性，就如同 CAD/CAD/CAM 在 20 世纪 90 年代给工业界带来的变革同样重要。目前知识工程的研究在美国开展得较为活跃和深入，例如福特汽车公司采用 KBE 技术设计某车型发动机机盖，设计时间由 2 个月缩短为 2h[60]；联合技术公司 Pratt&Whitney 部门已将 KBE 技术应用于喷气发动机的转子、轴、叶片等关键部件的设计中[61]。

　　国内，知识工程已经在汽车、模具、轴承等领域得到了深入的研究与应用。南京航空航天大学的高中存研究了 UG/KF 技术在飞机结构件数控夹具设计中的应用[62]，浙江大学的邵健博士基于知识工程开发了注塑模具型腔设计系统，实现了基于知识的参数化设计[63]。上海交通大学的顾军华等人以 UG 为平台基于实例和规则的混合推理模式开发了基于知识的模具设计支持系统[64]，复旦大学的陈明基于知识工程建立了反射器智能化设计系统[65]，实现了基于知识的智能化设计。华东理工大学的高源等人利用 UG/KF 的知识熔接模块建立了弹簧的标准件库[66]，西安交通大学的乌景瑞基于知识库开发了滑动轴承设计系统[67]。Pinfold 和 Chapman 采用 KBE 技术对有限元分析结果进行自动化后处理[68]，吴祚宝等提出基于知识的有限元分析概念，认为 CAE 知识库应该包括所有要分析项目的数据、用户数据和有限元分析概念，即如何使用 CAE 系统的知识[69]。

　　知识工程中主要包含知识表示、知识获取、知识推理三大方面，关于这三个方面的研究现状总结如下：

　　1）知识表示理论方法

　　知识表示是将人类在改造客观世界中所获得的描述领域事实、关系、过程等知识，用计算机能够接受并处理的符号和方式表示出来，编码成为一种合适的数据结构，然后将数据结构和解释过程结合起来，在程序中以适当方式使用，为之后产生智能行为打好基础。

目前常用的知识表示方法包括产生式规则表示、谓词逻辑表示、语义网络表示、框架表示法、过程表示、面向对象的知识表示方法、本体的表示方法。镇璐博士等人针对工程设计类知识,运用面向对象的思想提出了基于语义 Web 的知识存储模型[70]。本体由于其在知识层面上描述领域或系统的概念模型的能力,并且表示具有有效性、重用性、共享性和稳定性等特点,是目前知识表示研究领域的热点。现代制造工程研究所祁国宁等对基于本体的零件描述做了研究[71];浙江大学的叶范波博士针对制造企业知识集成研究与应用中存在的问题,应用本体理论与方法,对制造企业业务过程知识集成的理论与关键技术进行了研究[72]。

在知识表示应用过程中,人们逐渐发现很难找到一种单一的表示方法能够有效解决领域内的所有知识,因此,混合知识表示方法将传统知识表示方法有效结合起来进行运用,成为了很多专家探讨的课题。目前比较成熟的混合知识表示方法有:谓词逻辑、产生式规则和过程式的结合[73];框架、产生式规则和过程的结合[74];面向对象和规则的结合[75];语义网络与本体的结合[76]等。

2)知识获取理论方法

知识获取是知识工程的关键技术,同时也是知识工程应用的"瓶颈"。知识获取的目标正是将数据库中隐含的模式以容易被人理解的形式表现出来,从而帮助热门更好地理解数据所包含的信息。知识获取是一个多学科交叉领域,涉及数据库技术、统计理论、机器学习以及信息科学等,来自这些学科的各种先进技术都可以应用于知识获取领域,比如神经网络、粗糙集理论、模糊集理论等等,可以综合采用多种技术相互集成来获取知识。过去几年中,知识获取广泛应用于故障诊断、商业、零售、注塑模设计等领域。

由于粗糙集理论作为一种刻画不完整、不确定知识和数据归纳、学习、表达的数学工具,能有效分析和处理各种不完备信息,包括不精确、不一致和不完整的各种信息,并从中发现隐含的知识,揭示潜在的规律,即知识;粗糙集发现的知识是显式的定量描述,可被人理解。因此近年来在知识获取研究中受到广泛应用。但是现有的粗糙集理论及其方法仍然存在一些至今未能很好解决的问题,有待进一步完善,其中最基本、最具代表性的问题如下:

(1)连续属性的离散化。现实工程应用中的数据很多是连续型的数据,粗糙集只能处理离散化的属性,因此连续属性的离散化是粗糙集实际应用的一个很大障碍。目前虽然有了相关研究,但寻求较好的解决方法仍是该问题研究的热点之一[77]。浙江大学马玉良博士[78]提出了一种基于动态层次聚类的离散化算法,在保证划分后决策表的相容性的前提下,寻找约简效率最高的划分。中国矿业大学的王德鲁博士运用基于 MDV(Maximum Discernibility Value)函数与信息熵的模糊聚类算法进行连续属性离散化处理,改善了离散化效果,提高了预测精度[79]。

（2）属性约简。国内外学者在这方面做了大量的研究,寻找高效的属性约简算法仍是粗糙集理论的研究热点之一。文献[78]中提出了模糊实值属性信息系统规则约简方法和 RSVR 值约简方法。华中科技大学瞿彬彬博士提出了相容决策表的分层启发式约简算法[80]。同济大学的张慧哲博士提出了一种变相似度的模糊粗糙集属性约简,通过定义模糊相似矩阵和不一致程度矩阵,实现了连续属性的属性约简[81]。空军工程大学的路艳丽博士提出了基于直觉模糊粗糙集的属性约简算法[82]。哈尔滨工业大学的叶玉玲博士提出了基于模糊等价关系建立粗糙集模型,用熵来度量粗糙集中的不可分辨能量并定义约简,提出用遗传算法求解含混合数据的决策系统的约简[83]。

3）知识推理理论方法

知识推理是知识工程应用的核心,从推理方法上可分为基于实例的推理（CBR）、基于规则的推理（RBR）和基于模型的推理（MBR）三种。

其中,CBR 的推理是最早提出的,经过 20 多年的发展,CBR 在基本理论、实现技术、具体应用等方面都取得了较快的发展,大部分研究侧重于基于实例的产品概念设计或方案设计过程的研究。天津大学的宋欣博士针对可倾瓦推力轴承进行实例推理,探讨了属性权重配置算法[84]。大连理工大学机械工程学院的刘志杰博士提出基于实例推理的刀盘主参数设计方法[85],但是各个属性的权重值完全依赖人为确定,缺乏科学依据。

以上研究均为纯粹的基于实例的推理,随着实例库实例的增加,效率明显降低了,而且尤其在无法解决创新设计问题上显现出了致命的缺陷。为了改进实例推理机制,一些学者致力于将 CBR 与其他推理技术相结合来解决实际问题。重庆大学的代荣博士将实例推理与规则推理集成机制应用到摩托车的智能设计中,但是实例推理中的属性权重值是根据企业的调查结果推断的,缺乏科学依据[86]。重庆通信学院的胡中豫教授基于实例与规则推理相结合的机制应用于诊断系统中[87]。天津大学的宋欣博士提出了基于回归分析和规则推理的实例调整机制[88],将 MBR 和 CBR 结合在一起,但是 MBR 推理模型是通过实验数据拟合出曲线图建立的模型,推理模型较为粗糙,缺乏理论依据。

1.2.2 电牵引采煤机设计研究现状

随着计算机技术和设计理论的发展,人们在研究采煤机设计理论和方法的同时,在采煤机计算机辅助设计方面也取得了一些进展。近年来,国内外一些高等院校和科研单位已经用现代设计方法研制采煤机械的关键零部件,Z. J. Lu 等人利用 ANSYS 软件对采煤机摇臂进行了应力计算和有限元分析[89];西班牙奥维尔多大学 Javier Torañ 等人开发了采煤工作面的虚拟现实仿真平台,并建立了液压支架的三维动力学模型进行有限元分析[90];在我国,采煤机的现代设计系统研究早在 1993 年辽宁工程技术大学(原阜新矿业学院)就已经开展了,李晓豁教授等人基于 AutoCAD 建立了 SDES 滚筒设计专家系统。近几年,他们利用 Pro/E 软件及二次开发模块建立了连续采煤机截割滚筒参数化设计系统[58],近期,又开发了连续采煤机装载系统故障诊断专家系统[59]。西安交通大学宿月文博士等人以 SolidWorks 和 ADAMS 软件为基础平台,用 VB. Net 开发了以设计、评价专家系统及参数化建模技术为核心的履带式采煤机智能设计系统[39]。煤炭科学研究总院的陶嵘等人通过软件编程实现了螺旋滚筒的三维参数化设计[91]。一些学者基于虚拟样机技术分别对采煤机的调高系统、摇臂和整机进行了计算机仿真及动力学分析[92-94]。文献[95,96]则分别对滚筒装煤性能参数和工作参数的优化设计进行了有益的探讨。上述研究将现代设计方法应用于采煤机设计之中,提高了采煤机设计效率和质量,为本项目的研究提供有益的借鉴和参考,但仍存在以下问题:

(1)大部分研究都是利用 CAD、CAE 软件进行产品建模、计算机仿真和受力分析等,而且,这种计算机辅助设计技术在采煤机设计中的应用也仅仅处于研究阶段,尽管比起早期的手工设计方法的设计方式已经有了很大的改进,但是仍不能与采煤机设计流程进行紧密结合,未形成全面支撑采煤机设计的平台,离设计自动化的目标还很远。

(2)上述研究均未建立采煤机设计知识库,导致了知识关系的割裂,为采煤机设计资源的继承、共享和重用增加了困难。

(3)将知识工程应用于电牵引采煤机设计领域的研究仍未见相关报道。

1.3　主要研究内容

本书以实现电牵引采煤机智能设计为目标,将知识工程设计思想和方法引入到电牵引采煤机设计领域,重点解决电牵引采煤机知识表示、知识获取和知识推理三大关键问题,并最终建立电牵引采煤机现代设计系统。本书主要研究内容有:

(1)研究电牵引采煤机知识表示方法。结合电牵引采煤机知识特点,开展对设计实例、经验、零部件信息、材料信息、CAE 分析结果数据的表示方法研究,混合知识表达模型为建立电牵引采煤机设计知识库奠定基础。研究电牵引采煤机知识资源库的构成与组织方式,并建立包含实例库、规则库、模型库、零件库、

CAE 分析库的电牵引采煤机知识库。

（2）研究电牵引采煤机知识获取方法。根据电牵引采煤机知识获取困难的现状,采用基于粗糙集理论扩展模型的知识获取方式,采用合理、高效的属性约简算法,挖掘出隐藏在设计数据中的大量设计规则。

（3）研究电牵引采煤机知识推理方法。根据电牵引采煤机设计流程,提出实例、模型和规则相结合的混合推理机制,采用改进后的近邻算法和基于支持向量机的回归模型,发挥各自在实例推理、回归等方面的优势,实现基于知识融合推理模型的电牵引采煤机概念设计推理。

（4）研究远程 CAD/CAE 集成设计与分析技术。利用动态网络编程技术、组件技术、数据库技术和软件二次开发技术开发电牵引采煤机零件远程 CAD/CAE 集成设计与分析平台,实现网络环境下的 CAD 建模和 CAE 有限元分析的自动化,弥补了上述知识库中 CAE 分析库只能静态查询功能的局限性,为设计人员提供了更加方便快捷的产品设计分析共享平台。

（5）开发基于知识工程的电牵引采煤机设计系统。根据上述理论和方法的指导,在软件开发模式、体系结构、功能模型以及在 CAD 软件中集成开发系统方法的研究基础上,结合电牵引采煤机设计过程中的概念设计、参数化设计及 CAE 分析三个主要阶段,开发基于知识工程的电牵引采煤机设计系统。通过企业应用实践,验证基于知识工程的现代设计方法应用于电牵引采煤机设计领域的可行性。

1.4　小　结

本章分析了知识工程应用于电牵引采煤机设计领域的研究的目的和意义,阐述了国内外产品现代设计方法和电牵引采煤机设计的研究现状,针对电牵引采煤机设计存在的问题,提出了本书的研究内容。

第2章
基于 KBE 的电牵引采煤机设计体系

2.1 引 言

传统的电牵引采煤机设计过程都是基于以往成熟型号产品设计知识和设计经验,整个过程重视对经验、知识的应用,并要求设计结果具有较高的可靠性,但是在对以往知识和经验的应用上存在如下问题:

(1) 缺乏对领域专家设计经验和以往成熟设计实例知识的收集和整理,使在设计新任务的过程中无法充分应用现有的设计知识。

(2) 传统设计方法通过方案类比、验算等方式实现设计知识的重用,缺乏知识体系支撑,缺乏系统性和全面性。

基于 KBE 的电牵引采煤机现代设计方法和系统研究正是为了解决有效应用领域专家设计经验和企业成熟产品的设计知识而提出的一种设计理念和设计方法,包括知识表示、知识获取、知识推理三个方面的研究,建立适合采煤机特点的知识工程设计体系,达成如下目的:

(1) 根据电牵引采煤机知识分类及特点,选用适合的知识表示方法表示,有利于知识的重用与共享。

(2) 选择有效的知识获取方式,得到难以获取的设计规则与经验。

(3) 设计知识推理策略,建立高效的知识推理模型。

本章从 KBE 技术的概念入手,从知识的获取、表示和推理三个方面探讨了目前基于 KBE 的产品设计方法,针对电牵引采煤机产品的设计特点,提出了基于 KBE 的电牵引采煤机现代设计方法,搭建了基于 KBE 的电牵引采煤机设计体系框架。本章是全书工作的理论基础。

2.2 KBE 技术

2.2.1 KBE 定义及内涵

将 KBE 技术作为一种新型的智能型工程设计方法是 20 世纪 80 年代提出

的。由于 KBE 技术的开放性,迄今为止,尚无一种公认的、完备的 KBE 定义。本书列举出一些主要的研究机构给出的 KBE 定义和内涵[97,98]:

（1）英国 Coventry 大学 KBE 中心给出的定义。

KBE 是一种基于产品模型的,存储并处理与产品模型有关的知识的计算机系统,产品模型包含了产品的几何信息,材料信息以及与产品的分析、优化、制造、装配和测试有关的工艺信息,是目前促进工程化、实用化产品开发的最值得注意的软件方法。

（2）美国 Washington 大学机械工程系的 Dale E·Calkins 教授给出的定义。

KBE 是一种设计方法学,并将与下一代 CAD 技术紧密结合,将设计知识存储于产品模型中,设计知识包含了几何和非几何信息,以及描述产品设计、分析和制造的工程规则;产品模型的本质是规则库,它是一系列指导设计的工程引导的集合。KBE 系统使用这种启发式的设计规则,可以涵盖部件、装配和系统的开发。

（3）瑞典 Lulea 技术大学的 Sundqvist Fredrik 给出的定义。

KBE 是实现设计、制造、销售等相关活动自动化和集成化的一种软件技术,它通过规则、数据库和几何信息的结合,生成所谓的智能模型以提供便捷的解决方案。

（4）美国 Ford 汽车公司的 J. A. Penoyer, G. Burnett, S. Y. Liou 等人给出的定义。

KBE 是运用特意积累和存储的知识完成工程任务的计算机系统,可分为四类:产生式 KBE 系统、指导型 KBE 系统、选择型 KBE 系统、创新型 KBE 系统。

（5）上海交通大学。

KBE 是一种面向工程开发全过程的设计方法,以现代设计与制造技术、人工智能技术为基础,以三维 CAD 系统、仿真系统、产品数据管理系统为底层,将知识表示、建模、挖掘、繁衍、推理、集成、管理等工具应用于工程设计开发的各阶段和各方面,旨在提高工程设计的效率与精确度,从而达到提高产品市场竞争力。

（6）浙江大学。

KBE 是采用多种先进技术,如知识工程技术、CAD/CAE/CAM 技术、特征建模技术、面向对象的技术、数据库技术等建立起来的针对某一设计领域的广义的设计知识系统。通过系统的应用,可以有效集成工程设计各阶段的设计信息,提高设计效率,缩短设计周期[63]。

总结前人的定义,本书结合已有的研究成果,从产品的现代设计角度出发认为 KBE 的内涵是:KBE 是面向产品设计过程的计算机集成处理技术,将人工智能与计算机辅助设计技术有机地结合,建立了以知识重用为目的的产品知识模型,通过对知识的表示、推理、集成、管理和应用,从而辅助客户和设计者得到最佳产品设计方案的方法,是融入知识和经验的产品自动化设计的理想手段,是产品现代设计技术发展的新阶段。

虽然 KBE 技术的核心在于对知识的获取、知识的表示、知识的推理内容的研究,但是本书将 KBE 看作是一种广义的概念,围绕建立电牵引采煤机现代设计系统的问题,研究了知识的表示、推理以及利用知识进行设计、分析的内容,但是并不仅仅局限于知识工程技术,知识工程技术只是现代设计方法中的一项重要技术,还需要应用其他如 CAD 技术、数据库技术、组件技术、动态网络编程技术等现代设计技术来辅助建立整个 KBE 系统。

2.2.2　KBE 系统与专家系统的区别

KBE 系统和专家系统并不完全相同。专家系统仅仅是 KBE 系统的一部分。KBE 系统包含的知识的范围无论从深度还是广度都远远超过专家系统所包含的知识。知识工程在用各种技术构造 KBE 系统的同时还研究人工智能本身的问题,如知识的表示、知识的推理和知识的获取等。KBE 系统与专家系统的主要区别在于以下四个方面[99]。

1. 系统的功能与任务不同

专家系统一般只处理单一领域知识的符号推理问题,而 KBE 系统可以处理多领域知识和多种描述形式的知识,是集成化的大规模知识处理环境。专家系统一般只就设计问题的某一环节,模仿专家的思维活动进行推理和判断,而KBE 系统不仅要处理某些设计环节的经验性知识,更要对设计的全过程知识进行管理和问题求解,实现各环节的集成和知识共享的系统。

2. 体系结构和运作模式不同

专家系统难于与其他系统集成,是一种封闭的体系结构,而 KBE 系统必须具有与异构系统集成的能力,例如知识可以与产品的 CAD 模型、图形系统、神经网络等集成,是一种开放的体系结构。

3. 知识建模的层次不同

专家系统中的知识表示方法单一,通常采用产生式规则知识表示方法,而在 KBE 系统中,由于设计过程的复杂性,单一的知识表示方法无法满足设计需求,因此知识表示方法是多样的,而且通常要建立设计对象的模型和推理模型。

4. 知识获取能力不同

专家系统的获取过程是在系统建立时由系统设计者输入知识,在系统投入使用时就停止了知识获取的工作,因此在系统运行时不具备知识获取能力,只能用设计人员放在系统中的知识解决问题,难以生成知识;而 KBE 具有学习能力,即在系统运行中通过学习不断地增加知识。随着系统的使用,KBE 会将新的成功案例加入到知识系统去,随着用户对软件的应用,系统会变得越来越聪明,推理和计算更准确。因此 KBE 是一种主动的知识获取与集成过程,具有"自我生成"的知识繁衍特性,扩宽了知识获取的途径。

2.3　基于 KBE 的产品设计方法

2.3.1　知识获取方法

知识获取旨在研究如何从各种知识源(如领域专家、文本、数据库)中得到问题求解所需要的知识,并转换到计算机中。按照知识获取的方式可分为三种[100]:

(1)手动获取知识:知识工程师与领域专家合作,对领域知识和专家经验进行挖掘、收集、分析、归纳和整理,按智能设计系统的要求把知识输入到知识库里。

(2)半自动获取知识:利用某种专门的知识获取系统(如知识编辑软件),采取提示、指导或问答的方式,帮助领域专家提取、归纳有关知识,并自动记入知识库。

(3)自动获取知识:利用专门的机器学习系统获取知识,这是最高层次的知识获取方法。现代产品设计过程中,设计人员越来越希望能够自动地从数据中获取能够指导产品设计的有用信息及潜在规则,使之为决策提供依据。但是,自动知识获取方法一直以来都是知识工程领域的难点问题,现总结常用的方法如下[101-103]。

1. 主成分分析方法

主成分分析方法是将研究对象的多个相关变量转化为互不相关的少量综合变量的多元统计分析方法。它的主要任务是以某种最优化方法综合一张数据表的信息,使数据阵简化、降维而揭示它的主要结构,同时提出关于数据阵所提供信息的合理解释,以期回答所要分析的问题。

2. 决策树方法

决策树是一种归纳分类算法,采用信息论方法,减少对象分类的测试期望值。以信息论中的互信息原理为基础寻找数据库中最大信息增益的属性来创建决策树的一个节点,再根据属性值分类形成树的分枝,递归形成决策树。其中树的每个内部节点代表一个属性(条件属性)的测试,其分枝代表测试的结果,而树的每个叶节点代表一个类别(决策属性)。构造尽可能小的决策树,关键在于选择恰当的逻辑判断或属性,属性选择依赖于各种对例子子集的不纯度的度量方法。采用决策树,可以将数据规则可视化,而且输出结果也易理解。

3. 神经网络技术

神经网络模拟人脑神经元由一系列处理单元(节点)组成,这些节点通过网络彼此互联,借助于神经网络的学习能力,通过知识在逻辑推理规则系统和神经网络系统之间的相互转换实现规则知识的自动获取,神经网络可以完成分类、聚类、特征挖掘等任务。但其受到训练样本集的限制,如果选择不当很难保证知识的准确性,而且缺乏结构学习方面的研究,在未知规则结构的情况下如何自学习得到适合的神经网络结构是目前有待研究解决的问题。

4. 遗传算法

其主要特点是直接对结构对象进行操作,不存在求导和函数连续性的限定;具有内在的隐并行性和更好的全局寻优能力;采用概率化的寻优方法,能自动获取和指导优化的搜索空间,自适应地调整搜索方向,不需要确定的规则。利用遗传算法的这些性质,人们广泛地将其应用于组合优化、机器学习、信号处理、自适应控制和人工生命等领域。它是现代智能计算中的关键技术,但其只能处理非数值型数据,无法确定影响适应度的关键因素,属于一种"黑箱"结构。

5. 粗糙集理论

粗糙集理论是一种不确定性数据分析理论,能够有效地对数据中潜在有用的信息进行挖掘,主要思想就是在保持信息系统分类能力不变的前提下,通过知识约简剔除掉数据中冗余的信息,从而导出问题的正确决策或分类。近几年来,粗糙集理论在特征选择、分类学习和规则提取等方面取得了巨大的进步,并成功应用于机器学习、故障诊断、分析决策、过程控制和数据库中的知识获取等人工智能领域,逐渐成为信息科学最为活跃的研究领域之一。

2.3.2 知识表示方法

对于不同特定领域的求解问题,选择知识表示的方法是至关重要的。多年来的研究和实际应用涌现了大量的面向智能系统的知识表示方法,以下列举了常用的几种知识表示方法[104,105]。

1. 产生式规则表示

产生式规则是逻辑蕴含、操作、推理规则以及各种关系(包括经验性联想)的一种逻辑抽象。这种表示法是以操作(即过程)为中心的方法。适用于描述建议、指示及策略等有关知识,尤其是启发式知识。每条规则就是一个产生式,包含一个情况认识部分(前提/前件部分)和一个行为部分(结论/后件部分),所以产生式规则可以看成是一个"情况—行为"对或"前提—结论"对。产生式表示法的优点是结构上的模块化、形式上的单一性、表达上的自然性等优点,缺点是缺乏灵活性、效率低下,对复杂、大型以及动态概念不能很好地表示。

2. 谓词逻辑表示

谓词逻辑是基于命题中谓词分析的一种逻辑,它采用谓词合式公式和一阶谓词演算将问题形式化,然后建立控制系统,采用消解定理和消解反演来证明从初始状态可以到达终点状态。谓词逻辑是一种形式语言,能够把数学论证中的逻辑过程符号化,从而模拟人类智能思维过程。一阶谓词逻辑表示方法是最早使用的知识表示方法之一,具有简单、自然、精确、灵活、容易实现等优点,但是这种表示方法所能表示的事物过于简单,不能很方便地描述有关领域中的复杂结构以及不确定性知识和启发性知识,此外,使用这种方法的效率低,逻辑推理过程往往太冗长,当用于大型知识库时,可能会发生"组合爆炸"。

3. 语义网络表示

语义网络是一种结构化表示方法,它由节点和弧线组成。节点用于表示各种事物、概念、属性、动作、状态等,有向弧表示节点间的某种语义联系。语义网络可以通过节点的关系进行推理和匹配,得到新的有意义的语义网络。语义网络的主要优点是:可表示复杂的知识结构,侧重于表示语义关系知识,体现了联想思维过程,提供了很自然的构架;基于联想记忆模型,可执行语义搜索,相关事实可以从其直接相连的节点中推导出来,而不必遍历整个庞大的知识库,从而避免了组合爆炸;利用等级关系可以建立分类层次结构实现继承推理;利用继承特性,可实现信息共享,将节点的公共性质存放于较高层节点中,可被子孙节点继承。兼于这些优点,语义网络很适合表示专业领域知识。语义网络的主要缺点是:网络还缺乏标准的术语和约定,语义解释取决于操作网络的程序;网络结构复杂,建立和维护知识库较困难;网络搜索、调控的执行效率是难题,需要强有力的原则。

4. 框架表示法

框架也是一种结构化表示方法,一个框架表示是由属性集合组成的对象或概念。一个框架由若干个被称为槽的结构组成;每个槽包含一组有关约束条件,如约束槽值的类型、数量等,这些约束可用若干侧面表示。一个框架的基本结构由框架名、关系、槽、槽值及槽的约束条件与附加过程所组成。框架表示的突出特点是善于表示结构性知识,具有良好的继承性,较好地保证了知识的一致性,不足之处是不善于表示过程性的知识,通常要与其他表示方法相结合使用。

5. 过程表示法

过程表示法是把与问题有关的知识以及如何运用这些知识求解问题的策略表述为一个或多个求解问题的过程。每个过程是一段程序,用于完成一个具体的事件或问题的处理。当需要解决某个问题时就调用相应的程序执行,过程性表示方法着重于对知识的利用,但是功能单一,不能表示其他复杂结构的知识,局限性比较大。

6. 面向对象的知识表示

面向对象的知识表示方法以"对象"为中心,客观世界中的任何事物都称为"对象",既可以是一个具体的简单事物,也可以是由多个简单事物组合而成的复杂事物。一个对象的完整概念是由它所属的类以及该类的一个实例组成。类在概念上是一种抽象机制,是对一组相似对象的抽象。具体地说,在一组相似的对象中,会有一些相同的特征,为了避免数据和操作的重复描述及存储,就把共同的部分抽取出来构成一个类。经过类的抽象,一个对象就是对象名和体现该对象个性的内部状态之和,此时的对象称为所属类的一个实例。这种表示方法把知识看作对象类,将客观事物和规律的属性以及它们的行为特性封装起来,并通过对象之间的继承关系和约束关系表示它们的结构和联系。

2.3.3　知识推理方法

知识推理技术是基于产品信息模型,依据相关知识,根据一个或一些前提、判断,按一定的推理策略得出另一个或一些判断,并最终求得结果的思维过程。知识工程中常用的推理技术主要有基于实例的推理(CBR)、基于规则的推理(RBR)、基于模型的推理(MBR)[106,107]及混合推理方法。

1. 基于实例的推理方法

基于实例的推理是采用过去求解类似问题的成功实例来获取当前设计问题的一种类比推理模式,常用于领域知识不能够完全清楚表达的方案设计问题。推理过程如图 2 – 1 所示,实例库中存储了过去的有关实例,按照一定的方式组织,以便在需要的时候能及时取出。首先根据用户设计要求,把实例的特征和设计要求进行相似匹配,从实例库中提取相似的实例,基于设计知识对相似实例进行评价,根据评价结果决定是否重用该方案或在此基础上提供修改设计意见,直到满足要求,最后得到最终设计结果作为新的实例存储到实例库中,供以后设计使用。

CBR 具有以下优点:

(1)实例是以前设计问题的优化结果或满意结果,它本身包含了大量的设计经验知识,克服了一般智能系统知识获取的瓶颈;

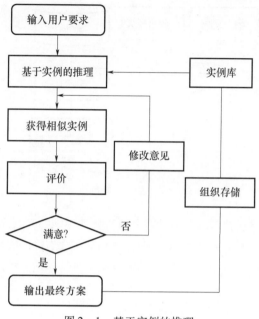

图 2-1　基于实例的推理

（2）CBR 更符合设计专家的设计和认知过程,设计专家在进行设计时,总要考虑以前的设计实例,找出相似设计方案对其进行修改,以获得新的设计实例;

（3）CBR 对过去求解结果的复用,可避免每次从头推导,具有较高的求解效率;

（4）CBR 提供良好的解释和决策机制;

存在以下缺点:

（1）求解全新问题时,缺乏相似实例推导,推理效率低;

（2）随着实例库的增大,时间和空间复杂性将会提高,影响推理效率;

2.　基于规则的推理方法

基于规则的推理是指基于产生式规则知识进行问题推理,常用于领域知识较为完善的情况。它将专家的知识和经验抽象为若干推理过程中的产生式规则,其核心是演绎推理,从一组前提必然推导出某个结论,即三段论。如图 2-2 所示,基于规则的推理一般包括规则库、数据库、解释器、冲突协调器和调度器五部分功能。

规则库中存放规则;数据库中存放着已知的数据以及推理过程中涉及到的中间数据;解释器负责判断规则条件是否成立,检查规则库里面有没有 if 项成立的规则,将所有规则搜索出来,交给冲突消解器－判断是否存在冲突;为了解决几条

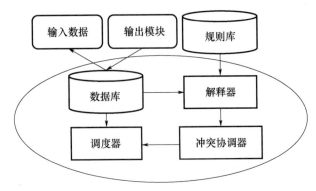

图 2 - 2　基于规则的推理

规则同时满足时,是否执行某条规则或者执行哪条规则的问题,需要为每条规则定义一个优先级属性,在多条规则同时满足的时候,优先级高的规则选出应该执行的规则,调度器负责执行规则的动作,并在满足结束条件时终止推理的执行。

RBR 具有以下优点:

(1) 具有很强的推理能力和较高的推理效率;

(2) 知识表示形式简单,通常是"If – Then"结构,易于系统实现。

存在以下缺点:

(1) 规则提取困难,尤其对于非结构化的知识组织形式的复杂问题求解困难;

(2) 靠人工"移植"方式获取专家知识,知识获取困难,而且系统自身不主动吸收新知识,因此构造规则库困难大、周期长、扩展难;

(3) RBR 运行效率随规则的增大而迅速降低。

3. 基于模型的推理方法

基于模型的推理是根据反映事物内部规律的客观世界的模型进行推理,一般采用结构化的深度领域知识求解问题。MBR 利用作为待解决问题的系统结构或组成要素等的特性、原理或原则,建立数学模型,然后利用该数学模型结合问题的条件,对系统做出推理和判断,以达到解决问题的目的。MBR 推理的基础是知识模型的建立,客观事物的规律普遍性具有多样性决定了 MBR 涉及多种知识模型,如几何关系层次模型、结构—功能—行为模型、神经网络模型等。作为一种深层次的推理方法,其具有以下优点:

(1) 适用于解决技术相对成熟的领域问题;

(2) 求解中小规模新问题时,具有相对较高的推理效率;

(3) 能处理创新问题的解。

存在以下缺点:

（1）MBR 的知识系统维护十分困难；

（2）MBR 适用领域受能否建立模型的限制，且知识获取和模型建立困难；

（3）MBR 问题求解规模有限。

4. 混合推理机制

各种推理方法各具优势与不足，在复杂系统中，针对不同情况对其进行集成已成为目前知识推理系统不言的共识，常见以下两种集成方法。

1）CBR 与 RBR 集成

在实际应用中，RBR 在 AI 技术领域有十几年的发展，是较有基础、理论上较成熟的一种推理模式，一方面较容易为计算机实现，另一方面各领域已形成了一些基础的理论，但是随着深入地研究，RBR 的缺点越来越明显，主要表现在知识获取遇到"瓶颈"问题、容易引起知识爆炸，系统人机交互过程太过繁琐且扩展困难等。而 CBR 的兴起正是由于 RBR 存在上述不足逐渐引起了广泛地重视。但是，由于 CBR 自身也存在着不足，即解决问题只凭借经验或实例是不足的，还需要一些原理性的和领域性的深知识，因此，将 CBR 与 RBR 两种机制结合起来更为有效，更贴近于实际的专家解决问题的方式。

目前，CBR 与 RBR 集成的最通用的方式可归纳为三种：

（1）以 RBR 为主导，CBR 后置补充的混合模型；

（2）以 CBR 为主导，RBR 后置补充的混合模型。

2）CBR 与 MBR 集成

CBR 适合求解常见问题，MBR 在求解中小型新问题时优势明显，但求解大的问题时，CBR 无相似实例可循，将两者集成通过某些局部模型的建立，有利于控制系统的复杂性，从而提高系统的推理效率，更好地解决此类问题。

目前，CBR 与 MBR 集成的最通用的方式可归纳为三种：

（1）以 MBR 组织问题的求解框架，将 CBR 结合起来；

（2）以 CBR 组织问题的求解框架，在其推理过程中对某些技术环节，采用MBR 进行求解；

（3）CBR、MBR 分别用于系统的不同模块，独立实现各自的功能。

2.4　基于 KBE 的电牵引采煤机设计方法

2.4.1　基于 ε 一致性准则的粗糙集扩展模型的电牵引采煤机知识获取

粗糙集理论是一种新型的处理模糊和不确定知识的数学工具，能有效地分析和处理不精确、不一致和不完整等各种不完备的信息,并从中发现隐含的知识规则,揭示潜在的规律,知识约简是粗糙集理论的核心内容之一。人类在对一个事物做出判断和决策时,并不是依据被判断事物的全部特性,而是依据最主要的一个或几个重要特点做出判断。知识约简就是根据这一原理,剔除掉知识库中的冗余知识,简化判断规则。

粗糙集是一个强大的数据分析工具,它具备以下优势:首先粗糙集不需要先验知识,模糊集和概率统计方法是处理不确定信息的常用方法,但这些方法需要一些数据的附加信息或先验知识,如模糊隶属度函数和概率分布等,这些信息有时并不容易得到。粗糙集分析方法仅利用数据本身提供的信息,无须任何先验知识,能在保留关键信息的前提下对数据进行约简并求得知识的最小表达;能识别并评估数据之间的依赖关系,揭示出概念简单的模式;能从经验数据中获取易于证实的规则知识。

本书在分析了经典粗糙集属性约简、广义邻域属性约简模型的缺陷基础上,采用基于 ε 一致性准则的粗糙集扩展模型进行属性约简和规则提取,结合电牵引采煤机概念设计中的总体参数确定过程,构造了电牵引采煤机概念设计知识获取模型,获取了电牵引采煤机实例中的隐性规则等知识,为知识推理奠定了推理基础。

2.4.2 基于混合知识表达模型的电牵引采煤机知识表示

针对电牵引采煤机设计领域知识和经验种类复杂、繁多的特点,采用单一知识表示方法难以全面、有效地描述电牵引采煤机设计领域知识,本书提出采用面向对象为主、产生式规则和过程表示为辅的混合知识表达模型,综合了三种表示方法的优点,以面向对象表示其结构性、以规则表示其控制性、以过程表示其过程性,比较全面地实现了电牵引采煤机设计知识的表示。在知识表示的基础上,建立了电牵引采煤机设计知识库,实现了对电牵引采煤机设计知识的有效管理。

2.4.3 基于知识融合推理模型的电牵引采煤机知识推理

根据电牵引采煤机设计过程的复杂性与特殊性,提出采用 CBR&RBR&MBR 相结合的 RCCRM 混合推理模式,充分发挥三种推理方法的优势,系统的求解推理过程如图 2-3 所示。首先进行 CBR 推理,为新问题寻求一个先前已成功的相似实例,如果无可用实例则进行 MBR 推理,CBR 和 MBR 推理后可以利用 RBR 推理约束相应的参数,最后还可以进行人工调整。对于 CBR、RBR 和 MBR 融合推理得到的新实例经过验证后,都将存储为新事例,用于下一次的 CBR 推

理。因此在运行过程中,实例库将逐渐增大,实例命中率必然提高,推理速度也
会得到提高。

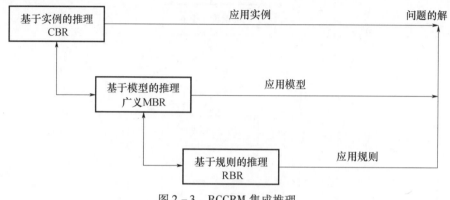

图 2 - 3　RCCRM 集成推理

其中,电牵引采煤机概念设计中的 MBR 包含两层含义:

(1) 电牵引采煤机概念设计中如果没有相似实例,而且无法找出输入参数
与输出参数之间明确的推导关系,则可以以 MBR 组织问题的求解框架求解,从
而得到最终解,本书基于支持向量机回归理论构建 MBR 推理模型,此含义可看
作广义上的 MBR。

(2) 与电牵引采煤机总体技术参数确定过程不同的是,在部件的设计过程
中输入参数与输出参数之间有明确的推导关系,这时可以建立 MBR 模型,用户
输入设计参数通过计算机程序就可以得出设计结果参数的输出。本书 3.5.3 节
中将截割部传动系统的设计过程程序化,实现了计算机自动计算与校验,此含义
可看作是狭义上的 MBR。

2.5　基于 KBE 的电牵引采煤机设计体系框架

2.5.1　电牵引采煤机传统设计流程

传统电牵引采煤机设计流程如图 2 - 4 所示。设计过程分为明确任务、概
念设计、详细设计和施工设计四个阶段。首先要明确设计任务,然后进行方案
设计,方案设计中包括功能结构设计、结构初步设计和技术经济评价,接下来
进行详细设计,包括详细结构设计和处理加工信息,最后加工、装配,送交
客户。

电牵引采煤机的设计主要包括截割部、牵引部、电气系统、辅助装置四个部
分的设计。设计过程归纳[108]如下:

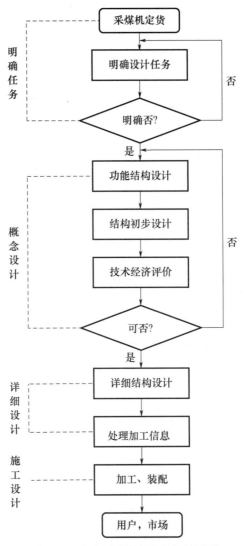

图 2-4 电牵引采煤机传统设计流程

步骤一：确定用户的基本要求参数，主要包括采高、截深、煤质硬度、煤层倾角等。

步骤二：根据原始参数确定截割部功率、牵引部功率、装机功率、滚筒直径、整机重量、设计生产率、机面高度、供电电压这些主要技术参数。

步骤三：根据功率选取截割部、牵引部电机，确定电机的型号、转速、电压。

步骤四：根据截割部电机转速以及滚筒转速确定截割部总传动比，分配传动比，确定轴传动和行星轮传动方式。

步骤五:截割部传动系统设计完后,根据传动系统尺寸,设计摇臂壳体尺寸,机头齿轮箱尺寸。

步骤六:根据牵引部电机转速及牵引速度确定牵引部总传动比,分配传动比,完成牵引部传动系统设计。

步骤七:设计牵引部外部壳体的具体尺寸。

步骤八:设计电牵引采煤机的电气系统。

步骤九:设计电牵引采煤机的辅助装置,主要包括挡煤板、底托架、电缆拖曳装置、供水喷雾装置、冷却装置。

电牵引采煤机是近十几年发展起来的采煤设备,现在已经得到广泛应用。目前电牵引采煤机的设计,主要是已有机型的基础上,进行条件及适应性分析,选取合适的机型,对合适机型进行局部改造,得到所需要的性能。事实上电牵引采煤机产品设计几乎大多数都是从已有的产品进化而来的,所谓的原创设计适应性设计和变形设计仅仅是对原来产品的利用程度不同而言。对于缺乏经验的设计人员来说,在概念设计和详细设计阶段会遇到很多问题,即便是具有丰富经验的设计人员,由于主观判断的存在,也很难在很短时间内在每一个环节都达成一致的意见,每次调整都要回到设计原点,重新计算、分析和评价,耗时费力,严重影响设计的质量和研发的周期。

2.5.2　基于 KBE 的电牵引采煤机设计体系

基于 KBE 的电牵引采煤机现代设计系统以电牵引采煤机自动化设计为最终目标,以最聪明的决策者的大脑思维过程为模型,即根据领域专家的经验和知识构成模型,并把数据和知识的收集、存储、检查、分析和显示等功能结合在一起,利用启发式问题求解,提供更加接近于客观世界的决策。在该系统中,采用知识处理技术预先将决策者们的经验与知识收集、整理和组织到知识库中,在交互式决策中使知识库不断完善、丰富。但是由于决策问题的非结构性和知识的不确定性等原因,电牵引采煤机现代设计系统不能完全代替人决策,它仍是一种辅助决策工具。

基于 KBE 的电牵引采煤机设计纵向上分为总体设计、分系统设计和 CAE 分析设计三阶段(忽略了电气系统与辅助装置的设计),横向上分为知识获取、知识表示和知识推理三个模块。整个设计体系框架图如图 2−5 所示,模块间以知识作为关联,体现了 KBE 的设计方法本质。

本系统对于电牵引采煤机设计过程的研究重点是采煤机概念设计、CAD 参数化设计、设计分析三个阶段的内容。用户输入原始条件,系统根据用户需求进行初始方案设计,由于结构大致趋于一致,因此在此主要是总体设计参数的确

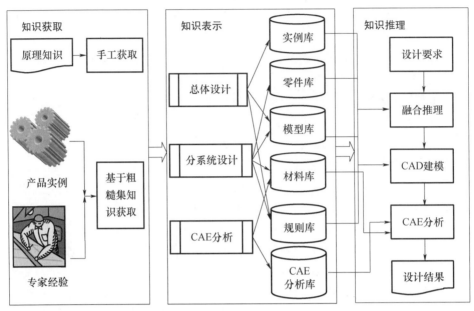

图 2 - 5　基于知识工程的电牵引采煤机现代设计系统体系框架

定,以及采煤机截割部、牵引部等主要部件设计参数的确定;根据各部件的设计参数设计相关零件,并建立相应的参数化零件模型,修改其关键尺寸获得所需的零件三维模型;系统通过对各零部件的运动学、动力学仿真结果的查询,可了解各部件的运动状态、速度特性、载荷变化及整机的工作性能,从而获得较优的设计参数。整个 KBE 设计过程通过访问全局共享知识库完成,总体设计阶段的融合推理需要实例库、模型库、规则库的支持,分系统设计中和 CAD 建模过程需要零件库、模型库、材料库和规则库的支持,CAE 分析过程需要材料库和 CAE 分析知识库的支持。在整个设计过程中,知识库能够不断地扩充与完善,从而更好地为设计服务。

　　基于 KBE 的电牵引采煤机设计体系解决了上述提出的采煤机设计存在的问题,其特点及优势在于:

　　(1)利用粗糙集理论对专家经验的获取,一方面克服了知识获取的瓶颈,另一方面为知识推理做好了数据预处理的准备。

　　(2)对电牵引采煤机知识的表示实现了知识的有效管理,有利于知识标准化和共享。

　　(3)改变了传统产品设计方法中以产品几何模型为中心的设计过程,以产品的知识模型为中心,集成了设计各阶段的信息,以知识库的形式作为支撑资源。

2.6　小　　结

本章给出了基于 KBE 的电牵引采煤机设计体系结构,对本书的理论基础进行了阐述,主要研究工作和结论如下:

（1）阐述了基于 KBE 的产品设计方法及知识工程中三个关键技术问题的常用解决方法;

（2）针对电牵引采煤机设计知识特点,提出了基于 KBE 的采煤机设计中采用的三个关键技术,包括基于粗糙集扩展模型的采煤机知识获取方法、基于混合知识表示的采煤机知识表示方法和基于融合推理模型的采煤机知识推理方法;

（3）在对传统设计流程改进的基础上建立了基于知识工程的电牵引采煤机设计体系框架。

第3章

基于混合知识表示的电牵引采煤机设计知识表示与知识库构建

3.1 引　言

如何表示和管理知识以便系统更好地利用是知识工程中的关键问题。只有确定了知识表示的恰当形式才有可能将知识有效地在计算机中表示，让获取的知识充分发挥作用。目前，常用的知识表示方法有基于规则、谓词、过程、面向对象等表示方法，尽管不同的表示方法都有各自的特点和局限性，但是每种方法没有绝对的优劣之分，有时同一领域知识可采用不同的知识表示方法来表示。为了达到知识的表达充分性、推理有效性、操作维护性和理解透明性四大特性的要求，需要根据求解问题的性质和特点灵活地选择适合的知识表示法，才能使在此基础上开发的知识库和 KBE 系统具有较强的实用性。由于电牵引采煤机设计知识的复杂性，单一的知识表达方法很难较好地表示各种形式的知识，本书采用混合知识表示方法来进行知识表示。

在确定了知识库最基本的问题——知识表达之后，构建电牵引采煤机知识库对采煤机设计具有重要的意义。知识库是人工智能和数据库结合的产物，是知识时代背景下发展起来的新兴学科。现有的专家系统大都使用成百上千条基于规则的知识去进行搜索与推理，但却缺乏高效检索访问数据库和管理海量数据的能力，而现有的数据库系统虽然有处理海量数据的能力，但却无力表达和处理基于规则的知识。因此，将二者结合起来构建新一代的知识存储系统——知识库，发展为以知识为主的智能设计代替早期以搜索为主的智能设计，利用知识库技术使计算机应用系统具有更多的智能行为，目前已经成为了计算机智能研究的前沿[109]。本书构建的电牵引采煤机知识库是用来存储采煤机设计知识的实体，是实现电牵引采煤机设计知识组织和存储的场所，其关键技术是知识库的基本结构、组织方式及查询、检索、管理知识的机制。

3.2　电牵引采煤机设计知识构成与特点

3.2.1　电牵引采煤机设计规范与流程

电牵引采煤机设计过程体现了系统化设计的思想,任何设计都是起源于客户需求,首先明确用户使用产品的各种条件和用户对产品的要求和愿望;然后需要结合大量专家背景知识和经验进行方案设计,基于设计能力和产品制造的技术水平确定采煤机的总体结构,保证总体结构合理性,防止出现结构方案重大失误;最后进入结构设计阶段,对零部件进行详细结构设计,给出零部件的几何尺寸、加工工艺、材料等信息。电牵引采煤机设计的整个过程是大量知识运用的过程,从国家标准等共性知识到不同型号采煤机具体设计等个性知识,从严格的计算公式到模糊的设计经验,从抽象的设计方法到具体的设计规则,各种知识构成了对采煤机设计过程的知识支持,因此电牵引采煤机设计是一个知识密集的设计过程。

3.2.2　电牵引采煤机设计领域知识构成

电牵引采煤机设计过程中涉及的资源信息量大,内容和形式多种多样,主要来源于机械设计手册、国家标准、教材、文献、企业资源和领域专家的头脑里。任何一个面向应用的知识分类都是多维的、动态的,同样,电牵引采煤机知识分类也是多层次,多维度的。本书建立了电牵引采煤机设计知识多维分类模型[32],如图 3-1 所示,这样电牵引采煤机的设计知识就可以快速定位和分类。

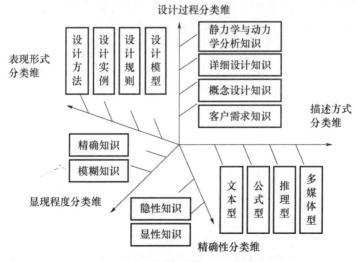

图 3-1　电牵引采煤机设计知识多维分类模型

1. 按设计流程分类

1）客户需求知识

明确用户对电牵引采煤机的要求,实际上是设计师开始设计过程的标志,而了解用户的要求是设计师首要的任务。但是目前用户在购置采煤机时,只大略提出几点要求,不能提出全面的、确切的要求,这种现象在我国较为普遍,这为厂家有的放矢地设计采煤机造成一定的困难。通过整理客户需求知识,提炼客户需求属性,为进一步掌握用户的使用条件和各种要求的具体含义做好了充分的准备,为"量体裁衣"地设计出适合的采煤机机型打下了良好的基础。因此客户需求信息实例是该阶段重要的知识资源。

2）概念设计知识

主要任务是根据用户原始需求进行总体方案设计,确定总体设计参数,并提供电牵引采煤机如截割部、牵引部等主要部件的大体设计参数。该阶段主要凭借直觉和经验,以生产的经验数据为设计依据,运用一些基本的设计计算理论,借助类比、模拟和试凑等设计方法来进行设计,主要包括概念设计实例、规则和方法库等知识资源。

3）详细设计知识

主要任务是由前面概念设计得到的设计结果进一步对零件进行详细结构设计,给出零部件的几何尺寸、加工工艺和材料等信息,主要包括零件设计方法、规则、模型和材料等知识资源。

4）静力学和动力学知识

由上述流程设计的关键部件不可避免地存在着过设计或欠设计现象,大量的实验投资势必增加生产成本,对设计结果进行静力学分析和动力学仿真是目前大部分高校及科研单位利用计算机进行辅助设计的方式,在企业中还未普遍采用。将利用 CAE 分析软件对电牵引采煤机关键零部件进行模拟分析所得到的结果知识进行汇总,可以为设计改造提供科学的理论依据和设计指导,因此 CAE 分析知识构成了该阶段的重要知识资源。

2. 按知识的表现形式分类

1）设计方法

设计方法主要指采煤机设计过程中的静态知识,包括国家标准、设计手册、准则规范、常用的计算方法和计算结果等内容。包括总体设计方法、截割部和牵引部详细设计方法等。

2）设计实例

设计实例是满足特定要求的已得到应用的设计结果。在实例的形成过程中,包含了领域专家解决特定问题的知识推理、决策和判断。包括总体参数设计实例、截割部牵引部详细设计实例和零件设计实例。

3）设计规则

规则知识是问题求解策略的启发性、推理性知识，是状态转移的操作过程和问题求解过程的算法或控制策略。包括整机参数确定规则、截割部牵引部设计规则和零件设计规则等。

4）设计模型

设计模型是指将设计过程中某些部件或零件的设计过程编制成特定的计算机程序，提供用户接口，只需进行合理问题输入，就可以快速得到结果输出。包括电牵引采煤机截割部、牵引部设计模型，例如摇臂传动系统定轴齿轮减速器设计模型等。

3. 按知识的精确性分类

1）精确性知识

电牵引采煤机设计过程中涉及大量的原理与公式，根据这些原理与计算公式可以得到精确的参数与数值，这类知识属于精确性知识。

2）模糊性知识

在设计过程中大部分知识是模糊性知识，例如客户需求知识中的煤层硬度描述为"硬""较硬"和"软"；概念设计中类比、模拟和试凑等设计方法采用的知识均属于一个范围，而且不是一个确定的精确值，这类知识属于模糊性知识。

4. 按知识的显现程度分类

1）显性知识

显性知识是指可以通过规范化的语言或文字符号表达的知识，可以通过阅读手册或教材，参加会议和查询数据库等手段获得，这类知识比较容易规范和获取，主要表现为公式、图表和文件等。

2）隐性知识

隐性知识是比较含蓄的知识，难以量化和信息化，难以通过正式的信息渠道转让。存在于电牵引采煤机设计推理过程中的隐性知识大都是设计人员个人的经验、对设计的感悟和深层次的理解等方面长期的积累，这类知识投入了大量的成本和精力，具有很高的参考价值，但是较难规范和获取，对该类知识的显性化表示是知识分享的基础。

5. 按知识的描述方式分类

1）文本型知识

电牵引采煤机设计领域的原理性知识，主要有机械、工程力学、材料学等具有较强普适性的知识。

2）公式型知识

最常见的逻辑关系描述形式，用于处理明确的参数之间关系的情况。

3）推理型知识

是设计过程中与设计行为相联系的因果关系知识，包含领域专家经验、规则和约束等，例如采用"If…Then…"的条件表达式用于表示产生式规则。

4）多媒体型知识

图像、视频等多媒体型知识是 CAE 分析知识库中采用的知识表现形式，通过图像、视频等多媒体信息，提供给设计人员关键零部件的 CAE 分析结果，方便非专业人员设计改造过程中参考使用。

3.2.3　电牵引采煤机设计知识的特点

电牵引采煤机设计知识具有以下特点。

1. 设计目标的可分解性

电牵引采煤机的设计是一个复杂而统一的整体，设计问题较庞大，占用空间较多，对其施行搜索、推理比较困难，通常可以分解为相对独立的不同层次的知识来描述。在完成某一层次上的具体设计任务时，一般只使用一定范围的知识，这些知识具体反映了设计人员在设计的某一阶段所采取的一组推理步骤和求解方法。

2. 领域知识的多样性

电牵引采煤机产品设计领域知识类型多、结构复杂，不仅有产品设计实例知识，还有评价决策经验知识，存在包括工程图库、手册、公式、基础数据库、规则库等多种形式的知识，对知识表示和知识库结构提出了更高的要求，因此必须寻求高效的知识表示方法与相应的推理机制。

3. 知识表述的模糊性

电牵引采煤机设计的知识不仅内容庞大，而且往往具有不确定性，如参数的选择常带有随机性和模糊性，主要表现在设计数据的模糊性、设计计算模型的模糊性和设计决策经验的模糊性。因此，只有充分考虑到这些不确定性，才能更加合理地选择和应用这些知识。

3.3　电牵引采煤机设计知识表示方法

3.3.1　电牵引采煤机设计知识表示要求

为了满足采煤机企业高效高质量的知识管理要求，应该深入地对企业设计知识内容进行管理,这时需要对知识深入分析并进行形式化表达。知识表示是基于知识系统的基础和关键技术,就是要把问题求解中所需要的对象、前提条件、算法等知识构造为计算机可处理的数据结构以及解释这种结构的某些过程。这种数据结构与解释过程的结合,将导致智能的行为。智能活动主要是一个获得并应用知识的过程,而知识必须有适当的表示方法才便于在计算机中有效地存储、检索、使用和修改。一个好的知识表示方法应具备以下四大性质[110]。

1. 表达充分性

在确定一个知识表示形式时,首先应该考虑的是它能否充分地表示领域知识。为此,需要深入地了解领域知识以及每一种表示形式的特征,以便做到"对症下药"。例如,在电牵引采煤机设计领域中,由于一个部件一般由多个子部件组成,部件与子部件既有共性又有个性,因而在进行知识表示时,应该把这个特点反映出来,此时具有"继承性"的面向对象知识表示方法能较好地反映出知识间的这种结构关系。由此可见,知识表示形式的选择和确定往往受到领域知识自然结构的制约,要具备清晰表达有关领域中各种知识的能力。

2. 推理有效性

知识的表示与利用是密切相关的两个方面。"表示"的作用是把领域内的相关知识形式化并用适当的内部形式存储到计算机中去,而"利用"是使用这些知识进行推理,求解现实问题。为了使一个智能系统能有效地求解领域内的各种问题,除了必须具备足够的知识外,还必须使其表示形式便于对知识的利用。如果一种表示形式的数据结构过于复杂或者难于理解,使推理不便于进行匹配、冲突消解及不确定性的计算等处理,那势必影响到系统的推理效率,从而降低系统求解问题的能力。因此,知识的表示要便于有效推理和检索,具有较强的问题求解能力,能够与高效率的推理机制密切结合,支持系统的控制策略。

3. 操作维护性

为了把知识存储到计算中去,除了需要以合适的表示方法把知识表示出来外,还需要对知识进行合理的组织,而对知识的组织与表示方法密切相关的,不同的表示方法对应于不同的组织方式。另外,在一个系统初步建成后,经过对一定数量实例的运行,可能会发现其知识在质量、数量或性能方面存在某些问题,此时或者需要增补一些新知识,或者需要修改甚至删除某些已有的知识。在进行这些工作时,又需要进行多方面的检测,以保证知识的一致性、完备性等,这称为对知识的维护与管理。在确定知识的表示形式时,应充分考虑是否便于实现模块化,并检测出矛盾的、冗余的知识,保证知识更新和维护知识库的完整性和一致性。

4. 理解透明性

一种知识表示形式应该是使人们容易理解的,这就要求它符合人们的思维习惯。至于实现上的方便性,更是显然的。如果一种表示形式不便于在计算机上实现,就只能是纸上谈兵,没有任何的实用价值。

3.3.2 混合知识表示方法

随着领域知识范围的扩大和复杂度的增加,单一的知识表示方法往往不能起到很好的效果。面向对象的表示方法将客观事物和规则的属性以及它们的行为特性封装起来,并通过对象之间的继承关系和约束关系表示它们的结构和联系。这种表示方法适合描述结构性强、关系复杂的对象,但是在过程性描述方面能力欠缺。规则知识表示方法适合表示因果关系,善于描述控制性知识,方法简单易用,但是在描述结构复杂的事物性知识方面较为困难。过程性知识表示方法善于表示过程性知识,按照一定的步骤执行相应的程序,但是在表示结构复杂对象和控制方面均略显不足。

传统的知识表示方法尽管各有千秋,但是每种表示法均具有一定的局限性,在对关系的描述、阶层性、概念与实体的分离上都存在着一些不足,不能完全满足知识表示的四大特性。为了解决上述知识表示方法中存在的问题,本书融合了面向对象的知识表示方法、产生式规则知识表示方法和过程式知识表示方法,将面向对象的知识表示方法作为知识的载体,过程性知识表示方法作为描述特定过程的手段,通过规则知识表示方法加强对过程性知识的控制,克服了这几种知识表示方法的缺陷,特别适合表示结构复杂、形式多样的知识对象,因此将三者知识表示方法结合起来表示电牵引采煤机设计知识和经验是一种最理想的知识表示方法。

3.3.3 实例知识的表示

本书将问题求解中涉及的概念、实体等都表示为对象,一个对象的完整概念是由它所属的类以及该类的一个实例组成。对象的各个"槽"记录着对象的有关参数、方法和规则等。对象由四类"槽"组成:关系槽、参数槽、方法槽和规则槽。关系槽反映出该对象和其他对象的静态关系;参数槽记录着对象中的所有参数;方法槽描述了对象参数的操作;规则槽存储着所需要用到的产生式规则。各对象以它们之间的超类、子类和实例的关系形成一个层次网络,对象层次结构的一个重要特性是继承性,即一个类可以继承其超类的全部描述。因此,属于某个类的对象除了直接有该类所描述的特性外,还通过继承具有该类上层所有类描述的全部特性。

在面向对象的知识表示中,将最抽象的概念作为抽象的类位于倒树型结构的"根",逐层依次向下细化,树中的每个"节"表示一个抽象的类,每个"叶子"表示某一个实例。类与类之间具有继承性,子类将继承父类的所有属性。对于电牵引采煤机产品而言,其主要部件由截割部、牵引部等类构成,类又可进一步划分为子类,如截割部类又可划分为提升托架、摇臂和滚筒等类,摇臂子类又可划分为摇臂壳体、护板、油位计装配、电机护罩、加油接头、截一轴装配、截二轴装配、截三轴装配、截四轴装配、截五轴装配、湿式截割装置、双行星减速装置和透气塞装配等类,截一轴装配又可进一步详细划分为轴承座、端盖、齿轮轴和密封座等类。利用面向对象的知识表示方法可以较好地表示类的概念,例如齿轮知识类中的参数除了自身的参数外,还包含从摇臂齿轮箱类参数槽中继承来的参数(图3-2)。

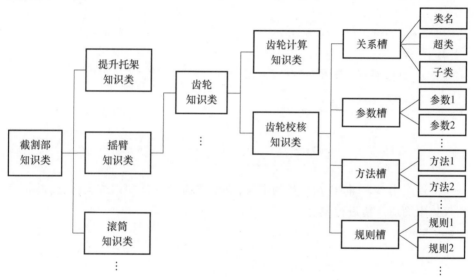

图3-2　齿轮知识类层次结构

以齿轮校核知识类为例,用面向对象的知识表示方法表示其结构及与各对象的关系;用过程知识表示方法表示齿根弯曲强度、弯曲疲劳许用应力、齿面接触强度和接触疲劳许用应力的计算过程;用规则知识表示方法控制结果的判断。下面用面向对象的C++语言描述知识类的定义:

```
GearKnowledge
Class jiaohe                              /*知识类的定义*/
{
    Realtionjiaohe();                     /*关系槽*/
    Parajiaohe();                         /*参数槽*/
    Funjiaohe();                          /*方法槽*/
```

```
        Rulejiaohe();                          /*规则槽*/
    }
    jiaohe ::Realtionjiaohe()                  /*关系槽定义*/
    {
        CString className;                     /*关系槽名称*/
        CString superClass;                    /*超类*/
        CString childClass;                    /*子类*/
    }
    jiaohe ::Parajiaohe                        /*参数槽的定义*/
    {
        ArrayList paraArray;                   /*参数集*/
    }
    jiaohe ::FunSlot extends Slot              /*方法槽定义*/
    {
        ArrayList funArray;                    /*方法集*/
    }
    jiaohe ::RuleSlot extends Slot             /*规则槽*/
    {
        ArrayList ruleArray;                   /*规则集*/
    }
```

　　上述是用 C++ 描述知识类的定义,下面将齿轮校核知识类实例化,即将齿轮校核中的适当值进行填充。

```
Class jiaohe
{
    Realtionjiaohe();
    Rulejiaohe();
    Parajiaohe();
    Funjiaohe();
}
jiaohe ::Realtionjiaohe()
{
        CString className = "齿轮校核";      /*知识类的名为齿轮校核*/
        CString superClass = "齿轮知识";     /*超类为齿轮知识*/
        CString childClass = "无";           /*子类为空*/
    }
    jiaohe ::Parajiaohe
    {
```

```
    float chigenwanquqiangdu;              /*齿根弯曲强度为 float 类型*/
    float wanqupilaoxuyongyingli;          /*完全疲劳许用应力为 float 类型*/
    float chimianjiechuqiangdu;            /*齿面接触强度为 float 类型*/
    float jiechupilaoxuyongyingli;         /*接触疲劳许用应力为 float 类型*/
    CString wanqujiaohe;                   /*弯曲校核为 CString 类型*/
    CString jiechujiaohe;                  /*接触校核为 CString 类型*/
}
```

jiaohe :: Funjiaohe(k, Y_{Fa}, Y_{Sa}, o_d)

```
{
```

    chigenwanquqiangdu = 2 * k * T * Y_{Fa} * Y_{Sa} / (o_d * m^3 * z^2);　　/*计算齿根弯曲强度*/

    wanqupilaoxuyongyingli = KFN * jiechupilaojixian / sa;/*计算弯曲疲劳许用应力*/

    chimianjiechuqiangdu = 2.5 * pow(2 * k * T * (u + 1)/o_d * d^3, 0.333333);/*计算齿面接触强度*/

    jiechupilaoxuyongyingli = KHN * wanqupilaojixian / sb;/*计算接触疲劳许用应力*/

```
}
```

jiaohe :: Rulejiaohe(chishu)

```
{
    int Rulenum[1] = 1001;                             /*规则编号*/
    if(chigenwanquqiangdu < = wanqupilaoxuyongyingli)  /*规则前提句*/
        wanqujiaohe = "合格";                           /*规则结论句*/
    else
        wanqujiaohe = "不合格";                         /*规则结论句*/
    int Rulenum[2] = 1002;                             /*规则编号*/
    if(chimianjiechuqiangdu < = jiechupilaoxuyongyingli)/*规则前提句*/
        jiechujiaohe = "合格";                          /*规则结论句*/
    else
        jiechujiaohe = "不合格";                        /*规则结论句*/
    ...

}
```

3.3.4　规则知识的表示

电牵引采煤机设计过程是极为繁琐复杂、覆盖知识范围较广、系统化技术较强的设计过程,其难度主要表现在设计理论的不完备性以及只能意会不能言传的专家经验的表达和利用。而这些经验知识的表达问题是实现系统智能化的首要任务。由于设计中存在的大量以因果关系和逻辑判断为内容的经验知识，因此这些知识用产生式规则来表达是比较方便的。它在语义上表示一种因果关系，可以明确地表示事实之间的联系，适用于表示领域知识是扩散的、可以将问题分解成相对独立的操作、知识和知识的使用可以分开的问题。产生式规则的基本思想就是从初始的事实出发，用模式匹配技术寻找合适的规则，代入已知事实后，若某规则的前提条件为真，则这个规则可以作用在这组事实上，从而推出新的事实。依此类推，直到得出结论为止。其形式是一条以"如果这些条件满足，就得到这些结论"的形式所表示的语句。前提条件部分是由多个子句通过逻辑"与"（and）、逻辑"或"（or）或逻辑"非"（not）联接而成的合取式或析取式，表示如状态、原因等前提条件，结论行动部分表示规则为真和假所对应的动作、后果等，表示如下：

If　　<子句 1> and <子句 2>…and <子句 n>

Then

　　<结论 1>,…,<结论 m>;

else

　　<结论 1>,…,<结论 k>。

用产生式规则表示知识的优点是：结构上的模块化，可对单条产生式规则进行增添、删除或修改，而不用考虑与其他规则的关系；形式上的单一性，采用单一的知识表示形式易于被其他人所理解和接受；表达上的自然性，表示形式与人们求解问题时的思维形式非常相似。

电牵引采煤机部件设计过程中许多结构参数、性能参数都是由一定的规则推导出来的，以电牵引采煤机截割部摇臂传动系统定轴齿轮减速器设计规则为例，将其表示如下：

```
Class ParametersRules
{
    Int ParameterNo[100];  /*规则编号*/
    Char ParameterName[100];  /*规则名称*/
    Float Conditon[100];  /*规则的前提条件*/
    Float Conclution[100];  /*规则的结论*/
    Char Explain[100];  /*规则的解释*/
    ...
    ParametersRules(Int ParameterNo[100],Char ParameterName[100],
Float Conditon[100],Float Conclution[100]);  /*规则初始化*/
    ~ ParametersRules();  /*析构函数*/
```

```
Void SelectParametersRules(Char Conditon[100]);  /＊规则的调用＊/
}
ParametersRules:ParametersRules(Char ParameterNo[100],Char Pa-
rameterName[100],Float Conditon[100],Float Conclution[100])
Float ParametersRules:: SelectParametersRules (Float Conditon
[n],Float Conclution[n])
{   Int ParameterNo;Float Conclution;Char Explain;
        If(前提 = =Conditon[n])  /＊搜索前提＊/
        {
                ParameterNo = ParameterNo[n];
                Conclution = Conclution[n];
                Explain = Explain[n];
        }
}
...
```

例如:由动载系数关系图中得到动载系数(k_v)与齿轮精度(j_d)、齿轮的圆周速度(v_m)有关,根据取样拟合法将图片中的信息转化为公式规则。表示如下:

规则 1:If(齿轮精度 = =5)　　Then　　动载系数 = $\sqrt{0.0005 \times v_m} + 1$;

规则 2:If(齿轮精度 = =6)　　Then　　动载系数 = $\sqrt{0.001 \times v_m} + 1$;

规则 3:If(齿轮精度 = =7)　　Then　　动载系数 = $\sqrt{0.004 \times v_m} + 1$;

规则 4:If(齿轮精度 = =8)　　Then　　动载系数 = $\sqrt{0.00784 \times v_m} + 1$。

其中规则 1 在 C＋＋中具体实现的代码如下:

```
Class DzxsRules
{
        Private:                /＊规则的属性＊/
        ParameterNo[18] =18;
        ParameterName[18] ="动载系数确定规则2";
        Conditon [18] =5;
        Conclution[18] =pow(0.0005 * vm,0.5) +1;
        Explain[18] ="如果齿轮精度为5,则动载系数 = √0.0005×v_m +1;"
        Public:          /＊调用规则＊/
        Create ParametersRules ( Int ParameterNo [ 100 ], ParameterName
[100],Float Conditon[500],Float Conclution[500]);        /＊规则初始化＊/
        SelectParametersRules (Float Conditon [ 18 ], Float Conclution
[18]);  /＊调用规则,返回规则编号、规则结论＊/
}
```

经过上述面向对象的方法封装规则后,规则的属性成为了私有属性,只有动载系数确定规则类及其子类可以访问,其他类需要运用该规则时必须调用规则类的方法,增强了规则的独立性和安全性。这种规则表示方式直接将规则嵌入到源程序中,适用于规则少、调用速度要求高的场合。如果规则比较多,则应该以规则库的形式存储规则知识,规则库的设计与实现将在 3.5.2 节中作详细介绍。

3.3.5　过程知识的表示

过程性知识是设计过程的知识,程序实现方法一般都是首先按照顺序、循环或判断的基本结构设计各个步骤,然后用面向对象的方法封装成类。下面用面向对象的 C++ 语言描述过程性知识:

```
Class Procedure
{
    Private:
    Char ProcedureNo[100];      /*过程编号*/
    Char ProcedureName[100];      /*过程名称*/
    Public:
    Procedure();
    ~Procedure();
    Void DoProcedure();   /*执行的过程*/
}
    Procedure::DoProcedure()      /*执行过程调用步骤*/
    {
        Step1;
        Step2;
        ...
    }
```

以截割部部件传动系统定轴齿轮减速器设计模型中的分配传动比过程为例,整个传动比分配过程分为初始化、计算、格式转换三个步骤,将其过程编写成 fenpeichuandongbi 类,在 C++ 中具体实现的代码如下:

```
Class fenpeichuandongbi
{
    Public:
    CString mt1,mt2,mt3,mt4;
    Fenpeichuandongbi();
    Virtual ~fenpeichuandongbi();
```

```
Private:
Float tui[4];
};
Procedure::DoProcedure()     /*执行过程调用步骤*/
{
    tui[4]=0;                        // Step1 初始化
    tui[3]=0;
    tui[2]=0;
    tui[1]=0;
    If (jishu==4)                    // Step2 进行计算
    {
        tui[2]=pow(zongbi/chuandongbixishu,0.5);
        tui[1]=chuandongbixishu*tui[2];
    }
    If (jishu==5)
    {
        tui[3]=pow(zongbi/chuandongbixishu/chuandongbixishu/chua-
ndongbixishu,0.3333333333333);
        tui[2]=chuandongbixishu*tui[3];
        tui[1]=chuandongbixishu*tui[2];
    }
    If(jishu==6)
    {
        tui[4]=pow(zongbi/chuandongbixishu/chuandongbixishu/
chuandongbixishu/chuandongbixishu/chuandongbixishu/chuandongbixishu,
0.25)
        tui[3]=chuandongbixishu*tui[4];
        tui[2]=chuandongbixishu*tui[3];
        tui[1]=chuandongbixishu*tui[2];
    }
        mt1.Format("%.2f",tui[1]);     // Step3 进行格式转换
        mt2.Format("%.2f",tui[2]);
        mt3.Format("%.2f",tui[3]);
        mt4.Format("%.2f",tui[4]);
}
```

41

3.4 电牵引采煤机设计知识库构建方案

3.4.1 知识库的设计要求

确定了知识表示方法后,还需要建立知识库系统对知识进行存储。知识库(Knowledge Base,KB)是知识工程中结构化、易操作、易利用、全面有组织的知识集群,是针对某一(或某些)领域问题求解的需要,采用某种(或若干)知识表示方式在计算机存储器中存储、组织、管理和使用的互相联系的知识片集合。这些知识片包括与领域相关的理论知识、事实数据以及由专家经验得到的启发式知识等。

一个有效的知识库应该包括知识库的扩充,知识的获取和更新,知识的检索、查询与维护,以及知识的一致性、完整性检查等基本组成部分,应具有以下基本功能[111]:

(1)知识的获取。知识的获取是知识库进行扩充的重要手段,获取知识的数量和质量将直接关系到知识库系统应用的有效性。

(2)提供多种知识的表示方法。在工程问题领域,要处理的知识种类众多,包括技术规范、公式、图表以及大量的实验数据和仿真结果等。这些知识如何有效地组织在一起,成为一个有机的整体,是知识库系统首要解决的问题。

(3)提供有效的知识存储方式。知识存储功能是知识库的基本功能,但由于工程领域的实际知识非常庞大和复杂,因此,如何将实际领域的知识进行有效的组织并转化为计算机可以存储的形式就显得尤为重要。

(4)提供快速、便捷、有效的知识查询和检索功能。查询和检索功能是用户最为关心的部分,它的好坏直接影响用户对系统性能的评价。

(5)具有良好的易维护性。知识库的维护包括知识的增加、删除、修改以及知识的一致性、完整性检查等。

(6)具有良好的安全性。知识库系统的安全性主要包括系统具有使用权限的确认、具有自动备份和恢复的功能、具有日常维护记录的功能等。

3.4.2 知识库的总体结构

根据电牵引采煤机总体设计领域知识的特点,有效准确地表达电牵引采煤机领域的知识,这是电牵引采煤机知识库结构设计最基本的要求。为了有利于知识库的长远发展,电牵引采煤机知识库采用模块化结构模型,使各个知识库易于扩充、修改和维护,保证知识库的自我完善能力,使其在功能上或性能上都有改进的可能性。电牵引采煤机设计知识库的结构如图 3 – 3 所示。

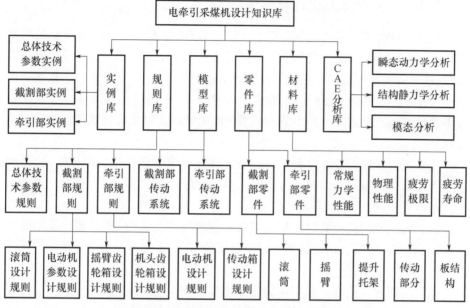

图 3 – 3　电牵引采煤机设计知识库总体结构

3.4.3　知识库的组织方式

目前,知识库的组织方式可以归纳为三种[112]:

（1）知识嵌入源程序:这是知识库最原始的组成方式,主要利用 If – Then 结构嵌入到计算机编程语言中。该方法的特点是执行速度快,但是知识的扩充、维护和更新比较困难。

（2）知识文件:以数据文件的方式来存储和管理知识。特点是速度比源程序方式低,受内存大小、磁盘读写的影响。

（3）知识数据库:充分利用数据库管理系统强大功能,方便用户进行数据定义、存取、查询、扩充和维护,便于组织和管理知识信息,适合建立大型知识库系统。

本书以知识数据库为主,知识嵌入源程序为辅的知识组织形式,以关联表的形式将知识存储到数据库中,减少冗余、节省存储空间且易于维护,嵌入源程序的形式主要用于部分规则表示和过程知识的表示和调用,二者的结合有效提高了系统的存取速度和推理效率。

3.5　电牵引采煤机设计知识库的实现

3.5.1　实例库的设计与实现

针对电牵引采煤机这类复杂机电产品的设计,难度主要表现在设计过程的强经验、弱理论性上,建立实例库一方面可以充分利用已有的设计经验及成功实例,通过对实例库中最佳实例的修改设计出新的产品,另一方面可以将企业在长期产品开发中积累的大量产品实例资料保存下来,不必受到人员变迁导致经验流失的影响。因此建立电牵引采煤机实例库对于电牵引采煤机现代设计具有重要意义。

实例是指在过去设计过程中满足特定设计要求下所获得的设计结果,是设计专家经验和知识的总结和综合体现。实例库是所有实例的集合。建立实例库时需要重点考虑以下几个问题[113]:

(1) 实例库的结构。对于复杂产品实例包括产品实例、部件实例及零件实例,考虑到在各阶段利用各级实例库中数据的需要,实例库的结构必须能够反映出产品的分解结构,能够满足用户对实例的检索要求。

(2) 实例库的建立。实例库的建立工作量很大,需要选择高效的实例库建库工具,方便数据录入、查询、修改和维护。

(3) 实例库的学习。由于数据来源的局限性,实例库必须具有扩展性和学习能力,一方面允许用户在各级实例库中通过赋予不同的权限增添新实例,另一方面经过知识推理后的结果也可以作为新实例存入实例库中,提高今后实例推理的命中率和准确率。

围绕上述三个问题本书进行了以下研究。

1. 实例库的多层次抽象实例模型

复杂机械产品可按照结构逐层分解为一系列的子系统(部件),子系统继续分解成下一级子系统(零件)。设计过程中设计人员大都利用类比设计法,首先按照设计需求对相似设计条件进行匹配得到相似总体设计方案,然后通过产品结构分解,继续寻找相似子系统(部件)设计方案和下一级相似子系统(零件)设计方案。对满足要求的实例进行修改,对不满足要求的进行重新设计,最终得到综合产品设计结果。早期的实例库大都采用平铺式的单层结构,管理简单但却无法表示上述各级实例间的关系。在面向对象的表示方法的思想指导下,本系统采用基于多层次抽象实例模型的实例库组织方式[32],基本思路是分层组织实例,形成一个树型结构,实例的检索和存储通过遍历树完成。如图 3 - 4 所示,树

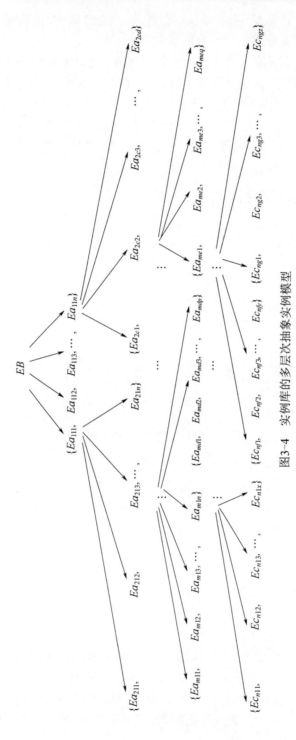

图3-4　实例库的多层次抽象实例模型

根节点 EB 是实例库入口, Ea 是部件实例, Ec 是零件实例, 其中树状多层次抽象实例模型的层次由产品设计时分解结构的复杂程度决定。

电牵引采煤机实例库的多层次抽象实例模型包括两大层:索引层和实例层。如图 3-5 所示,索引层位于树的根部,提供了实例编号、采煤机型号等各项索引参数,用来在实例查询中与查询实例参数进行匹配。实例层又按照等级划分为若干层,每一层逐层分解为若干节点实例,直到最底层由基本实例组成,称为叶子实例。这样,从采煤机的装配体、子装配体到零件的顺序逐级降低,分层次存储了实例的具体情况。

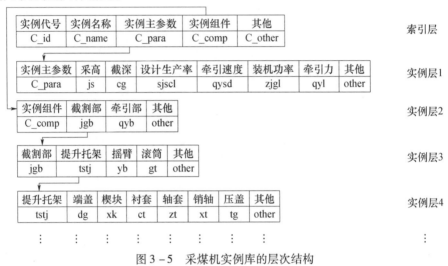

图 3-5　采煤机实例库的层次结构

多层次抽象实例组织方式的优点在于:

(1) 利用多层次结构对整个实例库的概念空间进行划分,形成一个实例概念的分类结构,在实例存储和检索的过程中对搜索空间进行不同抽象层次的限定,以提高存储和检索过程的效率。

(2) 多重抽象层次结构集中定义共同特性,减少了数据量,提高了系统的经济性。

(3) 多重抽象层次提供了判断实例间相似性的一种快速的简易方法。

2. 基于实例模板的实例库建库原理

基于实例模板的实例库建库原理如图 3-6 所示。不同层次的实例具有不同的特征属性,实例模板是对不同层次实例的抽象,它是抽取了各层实例、节点实例的关键特征属性及其连接关系而建立的信息模板[113]。

实例模板可表示为四元组:$E = <ID, NAME, C, R>$, ID 表示实例模板的唯一标识, NAME 表示实例模板的名称, $C = \{C_1, C_2, \cdots, C_n\}$ 是实例模板描述的实

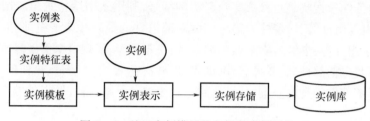

图 3 - 6　基于实例模板的实例库建库原理

例类的特征属性集合,R 表示实例模板之间的从属关系,从而反映了设计对象实例的层次分解关系。

一个实例模板对应着多个具有相同特征属性的实例。根据面向对象的思想将节点实例和叶实例分为不同的实例类,每个实例类对应一个包含不同的特征属性定义集合的实例模板。实例特征表是实例模板在数据库中的具体表现,在采煤机多层次实例结构中,各个节点上的零部件实例模板是通过实例特征表来描述的,按照实例特征表对实例进行定义、编辑、存储、操作,建立产品层次级实例库。

建立好实例库后,可以对实例库进行查询,检索流程图如图 3 - 7 所示,首先

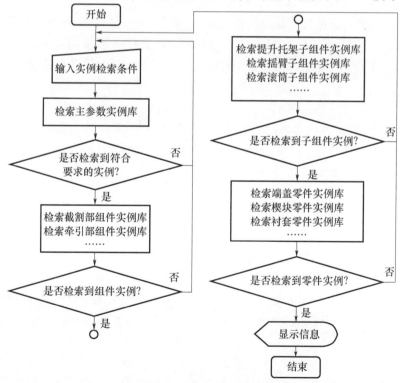

图 3 - 7　实例库检索流程图

根据实例条件检索实例主参数层确定实例编号,利用索引层检索第二层截割部组件、牵引部组件等,接着检索第三层截割部组件的提升托架子组件、摇臂子组件、滚筒子组件等,继续检索第四层端盖、楔块零件等,实现电牵引采煤机总体技术参数以及包括部件名、零件名、图纸代号、材料类型、零件质量、热处理方式、二维图纸等零部件信息的查询,从而达到检索出包含整机、部件及零件的产品主要信息的目的。

3. 实例学习

实例的学习过程就是采用一定的策略将新实例加入到实例库的过程。这种增量式的学习过程使实例推理的知识不断增多,解题能力不断增强,实例学习的过程步骤描述如下:

(1) 获取一新实例 a;

(2) 从实例库中寻找与实例 a 最佳匹配的实例 b;

(3) 若不存在这样的 b,则转向步骤(5);

(4) 若找到,则计算 a、b 的相似度 Sim,采用阈值 τ,当 Sim $< \tau$,则将作为同一概念范畴的相似实例 a 保留于实例库中,否则,舍弃 a 保留 b。

(5) 为 a 建立适合的索引,并将 a 加入到实例库的存储结构中。

实例库最突出的优势就是能够方便地"学习"到新知识,但这种"学习"往往受到实例库的容量、系统对推理效率的要求等方面的限制,如果实例库过大,系统匹配的准确率反而会降低,因此必须对实例库定期维护,包括增补、删除、修改等工作。

通过查阅大量的采煤机手册和收集厂家资料,得到了一些可信的电牵引采煤机基本性能、总体技术参数等信息,但是诸如关键部件的设计信息和更加详细的设计数据是很难获取的。因此,目前实例库中主要内容是针对电牵引采煤机总体设计阶段的数据及信息,仅有部分型号的电牵引采煤机部件及零件的详细数据。

3.5.2　规则库的设计与实现

规则库是知识库的核心部分,在知识库中存储与管理的是知识,而非数据库中存储与管理的是数据,而知识一般包含有实例和规则,其中规则的表示与存储对于知识库的建立至关重要。本书在深入分析电牵引采煤机设计过程中的专家经验知识的表达问题基础上,研究了规则库设计的关键技术:规则的分类、规则库的结构和实现[114]。

1. 规则的分类

电牵引采煤机设计过程中有关专家经验知识和设计约束等知识的表达数量

较大,如果都采用嵌入源程序的方式表达规则知识,容易造成数据独立性差、冗余度大,扩充和维护困难等缺点,因此考虑建立规则库来存储各个设计阶段的规则知识。为了更好地表达规则中参数之间的关系,将电牵引采煤机设计过程中的参数规则按照规则条件和规则结论的形式分为 3 大类 9 小类,如表 3 - 1 所示。

表 3 - 1 中的规则类型共有 9 种,规则条件分为常量、不等式和用户定义三种类型。常量是指运算关系为"等于"的赋值等式,例如 $H = 2$;不等式是指运算关系为除了"等于"之外的其他的赋值不等式,例如 $3 < H < 3.5$ 或 $P > 5$;用户定义是指规则条件是由用户通过交互界面输入的参数。规则结论分为常量等式、变量等式和常量不等式三种类型。常量等式是指只有一个参数的结论,例如 If $H = 3$ Then $D = 1.5$;变量等式是指结论中包括 2 个或 2 个以上的参数,例如 If $N = 3$ Then $P = 1.3N$;常量不等式是指结论中的运算符是除"等于"之外的关系,常用于表示一些取值范围等,例如 If $Q \leqslant 1000$ Then $320 < F < 550$。

表 3 - 1　参数规则类型

规则类型	规则条件	规则结论
常量等式 1	常量	
常量等式 2	不等式	常量等式
常量等式 3	用户定义	
变量等式 1	常量	
变量等式 2	不等式	变量等式
变量等式 3	用户定义	
常量不等式 1	常量	
常量不等式 2	不等式	常量不等式
常量不等式 3	用户定义	

2. 规则库的结构

参数规则分类后,为了便于规则的存储和调用,按照规则描述和规则关系两个方面建立规则库,见表 3 - 2、表 3 - 3。

表 3 - 2　规则描述表

规则编号	规则名称	规则类型	规则解释
R_NO	R_NAME	R_TYPE	R_EXPL

表 3 - 3　规则关系表

规则编号	条件参数1	运算关系	表达式1	表达式2	…	结论参数1	运算关系	表达式1	表达式2	…
R_NO	RD_PARA1	RD_REL1	RD_EXP1	RD_EXP2		RC_PARA1	RC_RELA	RC_EXP1	RC_EXP2	

对表 3-2 和表 3-3 的字段作以解释：

（1）规则编号 R_NO：为了便于管理，按照规则名称分类，每个规则名称下从 1 开始编号。规则描述表中与规则关系表中的编号是一一对应的。

（2）规则名称 R_NAME：按照设计模块对各个规则进行分类，以规则名称进行标识。

（3）规则类型 R_TYPE：前面总结的 9 种参数规则类型。

（4）规则解释 R_EXPL：对规则进行文字描述，方便知识库维护人员对其进行扩充和修改。

（5）条件参数 RD_PARAn：规则条件中的参数，同一规则可以包含 n 个参数。

（6）运算关系 RD_REL1：规则条件中的运算关系，包含 Equal，Unequal，Less，NoLess，More，NoMore，ComL，ComR，Com，ComM 十种运算关系，其含义见表 3-4。

表 3 - 4　运算关系表

运算关系	含义
Equal	$RD\_PARA1 = RD\_EXP1$
Unequal	$RD\_PARA1 \neq RD\_EXP1$
Less	$RD\_PARA1 < RD\_EXP1$
NoLess	$RD\_PARA1 \geqslant RD\_EXP1$
More	$RD\_PARA1 > RD\_EXP1$
NoMore	$RD\_PARA1 \leqslant RD\_EXP1$
ComL	$RD\_EXP1 \leqslant RD\_PARA1 < RD\_EXP2$
ComR	$RD\_EXP1 < RD\_PARA1 \leqslant RD\_EXP2$
Com	$RD\_EXP1 < RD\_PARA1 < RD\_EXP2$
ComM	$RD\_EXP1 \leqslant RD\_PARA1 \leqslant RD\_EXP2$

（7）结论参数 RC_PARA1：规则结论中的参数，与条件参数一样可以包含 n 个参数。

（8）结论运算关系 RC_RELA、结论表达式 1RC_EXP1、结论表达式 2RC_EXP2 等含义与条件参数含义一致。

3. 参数规则知识表达实例

规则举例：在齿轮弯曲校核时，根据应力循环次数影响的系数及寿命系数 N，可以决定弯曲疲劳寿命系数 K_{FN}，由于规则条件是不等式，规则结论是常量等式，因此规则类型是常量等式2，计算弯曲疲劳寿命系数的5条规则描述见表3-5。

表3-5 弯曲疲劳寿命系数 K_{FN} 规则描述表

规则编号 R_NO	规则名称 R_NAME	规则类型 R_TYPE	规则解释 R_EXPL
1	K_{FN}	常量等式2	计算弯曲疲劳寿命系数
2	K_{FN}	常量等式2	计算弯曲疲劳寿命系数
3	K_{FN}	常量等式2	计算弯曲疲劳寿命系数
4	K_{FN}	常量等式2	计算弯曲疲劳寿命系数
5	K_{FN}	常量等式2	计算弯曲疲劳寿命系数

假设寿命系数 N 为 10^8，根据查找规则表3-6就可以得到弯曲疲劳寿命系数 K_{FN}。首先与规则1匹配，不满足规则条件 $N \leqslant 10^6$；继续与规则2匹配，不满足规则条件 $10^6 < N \leqslant 10^7$；再与规则3匹配，满足规则条件 $10^7 < N \leqslant 10^8$，则得出规则结论 $K_{FN} = 0.9$。

表3-6 弯曲疲劳寿命系数 K_{FN} 规则关系表

规则编号 R_NO	条件参数1 RD_PARA1	运算关系 RD_REL1	表达式1 RD_EXP1	表达式2 RD_EXP2	结论参数1 RC_PARA1	运算关系 RC_RELA	表达式1 RC_EXP1	表达式2 RC_EXP2
1	N	NoMore	10^6	0	K_{FN}	Equal	1.01	0
2	N	ComR	10^6	10^7	K_{FN}	Equal	0.98	0
3	N	ComR	10^7	10^8	K_{FN}	Equal	0.9	0
4	N	ComR	10^8	10^9	K_{FN}	Equal	0.85	0
5	N	More	10^9	0	K_{FN}	Equal	0.8	0

3.5.3 模型库的设计与实现

电牵引采煤机模型库主要提供狭义 MBR 推理设计中电牵引采煤机主要零部件的设计模块，以过程式表示方法为主，规则表示方法为辅的知识表示方法表示其设计过程。模型库结构如图3-8所示，主要包括电牵引采煤机截割部摇臂传动系统定轴齿轮减速器概念设计模型与行星齿轮减速器概念设计模型、牵引部传动系统定轴齿轮减速器概念设计模型与行星齿轮减速器概念设计模型、破碎装置行星齿轮减速器概念设计模型以及截割部调高油缸概念设计模型。

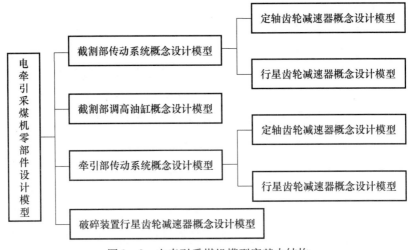

图 3 – 8　电牵引采煤机模型库基本结构

　　每个模型中集成了零件的设计流程和涉及的计算公式等知识,通过各个计算模型,设计人员在进行相应零件设计时只需在人机交互界面上输入或选取设计所需原始数据即可,模型内部程序自动对这些数据所对应的参数进行检索和计算,并把最终的检索和计算结果返回到界面上,完成设计工作。若检索和计算结果不合理,模型还能给出修改意见,设计人员可据此进行重新设计。

　　例如在减速器的设计过程中,既有诸如输入输出转速、减速器的级数、中心距、齿轮的布置、减速器工作时的载荷情况等需要设计人员事先给定的先决条件,又有诸如传动比的分配、齿轮模数 m、齿轮精度、极限应力 σ_{Hlim} 和 σ_{Flim}、安全系数 S、载荷系数 K 以及齿宽系数 $\emptyset_a$ 等需要设计人员通过翻阅大量的设计手册或其他资料才能确定的量,整个设计的工作量很大。将整个设计过程程序化实现设计自动化,将会大大提高设计效率,减轻设计人员的工作量。

　　在传动系统设计中,由于一些采煤机的工况是可以大致确定的,如齿轮采用材料一般为渗氮、渗碳铬镍钢或低碳钢;热处理一般为淬火处理;安全系数一般在 1.0 ~ 1.4 范围选取;模数根据具体情况一般在 8,10,12,14 中选取;当齿轮需要变位时一般选取大齿轮负变位、小齿轮正变位等。基于此,可把以上设计的"规则"集成到设计模型中,开发"自动化"设计系统。

　　电牵引采煤机截割部传动系统定轴齿轮减速器的设计流程[107]描述如下:

　　(1)根据概念设计中总体参数确定步骤得到的电牵引采煤机截割部功率选取截割部电机,确定电机转速 n;由滚筒直径确定滚筒转速 n'。

　　(2)求电机转速 n 与滚筒转速 n' 之比,得到总传动比 $i_{总} = n/n'$。

　　(3)分配传动比,从高速级到低速级传动比取 1.1 ~ 1.3 左右,且有 $i_{总} =$

$i_{定轴}i_{行}$,其中 $i_{行}$ 为减速器末端双行星减速器传动比,由人为交互输入。

（4）输入中心距 a。由于中心距 a 的确定涉及因素过多,程序化计算的难度较大,因此由人为交互输入。由中心距 a 与各传动比求各齿轮分度圆直径 d。

（5）确定各齿轮模数 m。按传递功率由小到大、由高速级到低速级的顺序依次选取模数为 $8,10,12,14$。

（6）按照如下公式由分度圆直径 d 与模数 m 求齿轮齿数 z:

$$d = mz \qquad\qquad (3-1)$$

（7）按照公式计算齿轮的转速 n、传动比 i、齿顶圆直径 d_a、齿根圆直径 d_f、齿距 p、齿顶高 h_a、齿根高 h_f、齿厚 s 具体详细参数。

（8）确定使用系数,包括齿轮精度、齿宽系数 $Ø_a$、弯曲疲劳强度极限 σ_{FE}、安全系数 S,计算出齿根弯曲强度、弯曲疲劳许用应力 σ_{Flim}、齿面接触强度、接触疲劳许用应力 σ_{Hlim}。

（9）校核,比较齿根弯曲强度与弯曲疲劳许用应力、齿面接触强度与接触疲劳许用应力的大小,若弯曲疲劳许用应力大且接触疲劳许用应力大则为合格,否则为不合格。

（10）若校核不合格,则对传动比 i、中心距 a、模数 m 进行修改再重新校核,直到合格为止。

利用编程语言实现上述描述的算法,开发截割部传动系统定轴齿轮减速器设计模型,用户设计时可直接调用模型进行计算。设计人员通过 UG 启动该模型,弹出人机交互界面,设计人员按界面上内容输入相应设计原始数据,模型按照后台编写好的程序自动运行,程序运行结束并输出结果,完成设计。

3.5.4　零件库的设计与实现

在电牵引采煤机参数化建模过程中,不可避免地要进行尺寸变型设计,利用 CAD 软件提供的强大的建模功能,可以构造参数化零件库。根据采煤机功能结构分类,分层整理出零部件(图 3-9),建立相应的三维实体模型。之后,在三维零件模型的基础上确定一组设计参数控制模型的形状和拓扑关系,用户使用该模型时,只需在界面上输入驱动参数,就能够直接从库中调出,无须手工建模,通过修改尺寸参数就可以快速获取零部件的 CAD 三维模型,避免了重复建模的繁重劳动。

1. 零件的参数化设计原理

参数化设计是指在零件或部件形状的基础上,用一组尺寸参数和约束定义该几何图形的形状。尺寸参数和约束与几何图形有显式的对应关系,当尺寸或约束发生改变时,相应的几何图形也会进行相应的变化,可达到驱动该几何图形

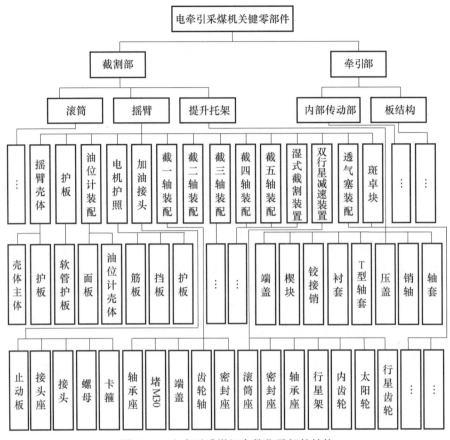

图 3 – 9　电牵引采煤机参数化零部件结构

的目的,能够充分反映设计过程中设计者的设计理念。

目前,在 CAD 软件中,建立零件库的方法主要有关系表达式、用户自定义特征法、零件族法和程序设计法[115]。

(1)关系表达式。

首先建立一个零件模型,用户调用该零件时,必须先查阅标准手册的公式、数据,根据手册修改零件中对应的尺寸变量的值,最后把该零件重新命名为所需要的新零件。该方法操作简单,但是用户必须进行查找零件、重命名、查找手册等操作,资料分散的情况下,手工操作效率低。

(2)用户自定义特征法。

首先建立一个零件模型,然后对零件的参数进行自定义命名,特征与特征之间的关系可以重定义为用户自定义特征,然后编辑、生成并存储为 . udf 文件。该方法的优点是可以建立特征之间的关系,缺点是需要选择自定义特征、应用、创建新零件等交互式操作,仍然步骤繁琐。

(3)零件族法。

首先建立一个零件模型,然后对零件的参数表达式重命名,并添加到电子表格参数表内,相对应地填写零件的所有参数值,当用户调用零件时,通过选择一组参数来修改零件的参数尺寸,得到相应的零件模型。该方法的优点是直观容易,缺点是由于需要使用电子表格输入数据,工作量较大。

(4)程序设计法。

目前,程序设计法是指在 CAD 软件的基础上,利用二次开发等相关工具进行零件库的建立。例如,在 UG 中,建立参数化零件库的方法主要有两种:一种是通过 UG 二次开发工具 UG/OPEN GRIP 直接编写零件库的各个零件参数化设计程序;另一种是首先利用 UG 的参数化建模模块进行建模,然后利用 UG/OPEN API 函数对零件进行参数驱动和更新的基于模板的零件建库方法。

根据以上分析,从内存占用角度、构建方便和开发周期、数据库维护性和使用方便性角度来看,程序设计法尽管需要对开发工具有深入的掌握,但是具有占用内存小,有利于数据库维护,用户无须手动修改、使用方便等优点。在程序设计法中,第一种方法编程工作量较大,而且程序执行速度慢,显然不是理想的方法,而第二种方法只需要通过更新函数就可以对零件模型的参数进行更新,驱动生成新模型,不仅减少了编程工作量,而且大提高了系统的运行速度,是一种较理想的方法。因此综合考虑各方面,本书选用程序设计法中基于模板的参数化建库方法。

在 CAD 中要实现零件的参数化设计,零件参数化模型的建立是关键。参数化模型表示了零件图形的几何约束和工程约束。几何约束包括结构约束和尺寸约束。结构约束是指几何元素之间的拓扑关系,如平行、垂直、相切、对称等;尺寸约束则是通过尺寸标准表示的约束,如距离尺寸、角度尺寸以及半径尺寸等。工程约束是指尺寸之间的约束关系,通过定义尺寸变量及它们之间在数值上和逻辑上的关系来表示。在建模过程中要注意各种约束的设置,例如对于曲线的约束,根据实际需要我们可把其设置成平行约束、垂直约束、过点约束、相切约束、同心约束(对于圆曲线)等,但需注意的是一定不能设置成固定约束或完全固定约束,否则无法实现参数化。

利用 UG/Open API 进行参数化设计主要是通过修改模型的几何特征来实现的[115]。通常情况下,修改几何特征需要通过修改参数来实现,获得几何特征的参数,然后改变该参数,最后利用函数 UF_MODL_update,使对参数的修改反映到模型上,其基本过程如图 3 - 10 所示。

根据上述过程建立零件库的步骤总结如下:

图 3 - 10　参数化设计过程

（1）应用 UG 建模模块建立零件模型。

（2）在建立的模型中修改表达式，以方便后续步骤中所编写的程序的调用。

（3）应用 UG 的 MenuScript 工具定制菜单文件*. men 文件，放入自定义目录下创建的 startup 文件夹中，然后注册环境变量。

（4）应用 UG 的 UIStyler 模块设计人机交互界面对话框，布置好对话框中各个图片、标签及文本框等，编写"constructor""destructor""cancel"和"ok"四个回调函数，保存后在自定目录下创建的 application 文件夹中生成*. dlg,*. c,*. h 三文件。

（5）编写相应的程序代码，用到的主要函数有获取表达式函数 UF_MODL_ask_exps_of_feature、查找表达式的数值函数 UF_MODL_ask_value、修改表达式函数 UF_MODL_edit_exp、更新模型函数 UF_MODL_update。

（6）编译链接生成动态链接库文件*. dll。

（7）启动 UG，选择参数化菜单，弹出用户界面，用户可输入不同的参数对模型进行参数建模。

3.5.5　材料库的设计与实现

材料库是指将数据库技术应用于材料科学与工程领域而构建的数据库系统，由于材料系统的特殊性，使得材料库在具备普通数据库一般特性的同时，还具有数量大且数据类型复杂、系统性、多功能性等特点，因此需要根据内容进行设计。根据电牵引采煤机所用材料特性，本材料库主要实现材料数据的表达、存储、查询与检索等功能，为电牵引采煤机设计与分析提供所用材料信息的查询，包括材料的特征、使用范围、应用实例、常规力学性能、物理性能、指定存活率的疲劳极限、指定存活率的疲劳寿命等相关材料信息。具体内容[116]如下：

（1）常规力学性能。

常规力学性能主要包括材料的特征、使用范围、应用实例、热处理方式、屈服极限、强度极限、延伸率、界面收缩率、冲击吸收功、硬度等。

（2）物理性能。

物理性能主要包括材料的特征、使用范围、应用实例、弹性模量、切边模量、泊松比、热导率、热扩散率、电阻率、比热容、线膨胀系数、导电率等。

（3）指定存活率的疲劳极限。

指定存活率的疲劳极限主要包括材料的特征、使用范围、应用实例、疲劳性能类型、热处理方式、试样类型、存活率为 50% 的材料的疲劳极限、存活率为90% 的材料的疲劳极限、存活率为 95% 的材料的疲劳极限、存活率为 99% 的材料的疲劳极限、存活率为 99.9% 的材料的疲劳极限等。

（4）指定存活率的疲劳寿命。

指定存活率的疲劳寿命主要包括材料的特征、使用范围、应用实例、疲劳性能类型、热处理方式、试样类型、指定存活率下的应力值、指定存活率下的疲劳寿命。

根据上述内容设计材料库结构，材料库的主要数据表有基本表（Main）、物理性能表（Physical）、常规力学性能表（Mechanics）、指定存活率的疲劳极限表（FatigueLim）、疲劳寿命表（FatigueLife），数据库的结构及表间的关系如图 3 – 11所示。

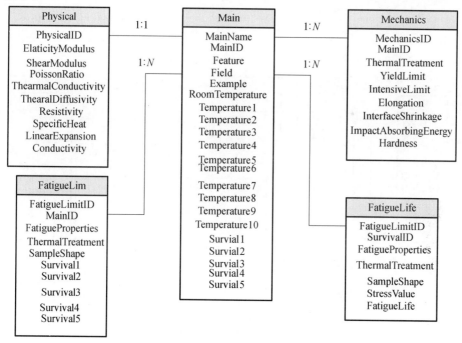

图 3 – 11　材料库表间关系

3.5.6　CAE 分析库的设计与实现

目前，数据库系统主要用在个人信息、学生成绩、工资信息等方面，针对

CAE 分析数据查询方面的研究较少。为了使采煤机设计人员不熟悉 CAE 分析软件也可以方便地进行分析,有必要提供给设计人员具有智能化 CAE 分析功能的模块,采用 CAE 分析库的形式达到辅助设计人员进行 CAE 分析的目的。该系统提供 CAE 分析过程信息(分析方法、分析条件、过程数据等)、CAE 分析所得结果的存储、查询和设计合理与否的评价,对设计人员起到辅助参考的作用。

电牵引采煤机 CAE 分析库包含瞬态动力学分析库、结构静力学分析库、模态分析库[117]。其中瞬态动力学分析库提供了采煤机关键零部件的材料、单元类型、约束、载荷表、加载图、应力图、应变图等信息;结构静力学分析库提供了采煤机关键零部件的材料、单元类型、约束、X 方向载荷、Y 方向载荷、Z 方向载荷、扭矩大小、压强大小、X 方向应力图、X 方向应变图、Y 方向应力图、Y 方向应变图、Z 方向应力图、Z 方向应变图等信息;模态分析库提供了采煤机关键零部件的材料、单元类型、约束、1 阶振型图、2 阶振型图、3 阶振型图、4 阶振型图、5 阶振型图、6 阶振型图、7 阶振型图、8 阶振型图、9 阶振型图、10 阶振型图等信息。

根据上述内容设计 CAE 分析库结构,主要数据表有元数据表、设计人员信息表、权限设置表、基本信息表、瞬态动力学分析表、结构静力学分析表和模态分析表,数据库的结构及表间的关系如图 3 − 12 所示。

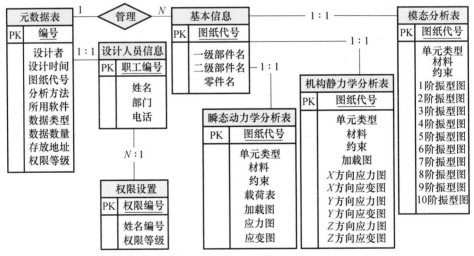

图 3 − 12 电牵引采煤机 CAE 分析库表间关系

与普通数据库系统实现技术中最大的区别是 CAE 分析库中的 CAE 分析结果数据大,且由字符型、整型、图片等类型的数据构成,图片类型数据的存储直接关系到数据库的检索效率和数据安全。目前常用的方式是以路径的方式来进行存储和查询图片或建立文件系统进行管理,这种管理模式使数据中的图片数据与其他数据分开存储,为数据库的维护增加了难度,同时对数据的安全带来一定的隐患。因此 CAE 分析库采用将图片数据转化成二进制数据流的形式,并和其他相关参数保存在数据库表中的同一记录,方便插入、更新和删除统一管理,确保了数据的一致性和文件与数据库之间的一致性。

系统提供查询模块、存储模块和智能评价模块三大功能模块。

（1）查询模块。

查询模块按 CAE 分析方法来分,包括瞬态动力学分析查询、结构静力学分析查询和模态分析查询,每个分析库又包括一级部件名查询、按单元类型查询、按图纸代号查询、组合查询等多种查询方式。

（2）存储模块。

存储模块按 CAE 分析方法来分,包括瞬态动力学分析数据存储、机构静力学分析数据存储和模态分析数据存储。按照每个分析库的结构,不同权限的用户可根据分析库内容按照提示将 CAE 分析结果数据和图片等信息进行存储。

（3）智能评价模块。

对于 CAE 分析结果数据,通常设计人员要通过参阅相关技术手册,找出材料的屈服极限,根据公式计算得出许用应力,并与分析所得应力进行对比,从而判断出 CAE 分析所得结果是否满足要求。利用数据库技术将上述工作量大、计算过程易出错的分析评价过程进行自动化程序开发,智能评价模块提供的 CAE 评价过程和解决方案使设计人员能够更好地运用 CAE 分析结果数据。目前,智能评价模块的功能仍有限,有待进一步开发。

3.6　小　　结

本章提出了基于混合知识表达模型的电牵引采煤机设计知识表示方法,并且在此基础上构建了采煤机设计知识库。主要研究工作和结论如下:

（1）分析了电牵引采煤机知识构成与特点,提出了基于混合知识表达模型的电牵引采煤机设计知识表示,为建立知识库打好了知识表达的基础;

（2）提出了电牵引采煤机设计知识库构建方案和组织策略,并设计了知识库总体结构,为知识库的详细设计和具体实现奠定了基础;

（3）讨论了知识库的关键技术,包括各个知识库的层次结构、组织方式、知识的表示方法及查询、检索、管理知识的机制。

（4）针对不同的知识子库采用不同的实现方法,以 UG 和关系型数据库 SQL Server 2005 为支撑平台完成了知识库的建立,实现了对电牵引采煤机设计知识的有效管理。

第4章

基于 ε 一致性准则的粗糙集扩展模型的电牵引采煤机知识获取

4.1 引 言

知识获取是从特定的领域知识源获取有用的知识和经验的过程,具体的电牵引采煤机设计领域问题中可概括为三种知识:第一种是机械手册及已标准化的采煤机设计知识;第二种是通过计算机仿真分析得到的大量零部件的静力学分析结果等分析数据;第三种是企业领域专家根据长期的工作经验总结出的设计经验规则。前两种知识可以通过手动获取和半自动获取方式获取,第三种知识的获取难度最大,而这部分知识又是实现采煤机智能化设计任务的重中之重。由于知识的自动获取过程中存在着以下困难[118],知识的获取成为了知识工程系统研究中公认的瓶颈问题。

(1) 与领域专家交流困难。

领域专家的知识均属于经验性知识,通常是经过长时间的磨练和实践总结出来的。从领域专家那里获取知识具有很强的随机性和个体性差异,导致了获取知识的周期长、效率低、可靠性差等缺点,因此与领域专家的交流是一个非常复杂且困难的过程。

(2) 产品开发过程相当复杂。

设计师在产品开发过程中,要结合许多领域知识,查阅的设计手册、行业规范等属于显性知识,较易获取。与此相反,专家解决问题的经验等隐性知识通常存在于专家的大脑中,常有主观性、随意性和模糊性,难以捕捉,如何将这部分知识概念化、形式化地提取出来是知识获取活动中最困难的工作。

传统的手动获取方式过程是领域专家进行分析并总结出相关经验知识,然后由知识系统开发人员总结成设计规则,建立相应的知识库。这种知识的获取存在以下缺点:

（1）关于产品设计过程的专家知识大多属于经验性知识,有些经验、规律是很难用语言、公式或数学方法表达的,一般用 If－Then 形式来表达,这种知识表示方法局限性较大。

（2）从领域专家那里获取整理出来的知识规则,由于是主观整理知识,不可避免地带有偏见和错误,缺乏科学推导理论基础,而且没有自学习机制。

以上手动获取方式的诸多困难限制了智能系统的应用,本章提出的基于粗糙集理论的知识获取机制通过数据挖掘将已有的设计知识进行充分运用,从已有的设计知识中挖掘出知识规则,可以实现知识的自动获取,避免了从领域专家获取知识的困难过程,通过对已有的设计数据库中数据挖掘识别出潜在有用的设计规则,有效继承了企业专家长年积累下来的产品设计经验。

4.2　可获取的电牵引采煤机设计知识

电牵引采煤机设计过程中涉及的知识规模庞大,第三章知识库中除了规则库中的知识外都可以手工或半自动方式获取,而规则库中的领域专家经验和规则知识则需要通过机器学习的方式自动获取。本章重点从以下两个方面入手挖掘出能够指导产品设计的有用信息。

1. 客户需求

现代市场条件下,客户提交的需求信息越来越庞大,个性化要求越来越多,客户需求信息对产品设计的功能需求有着至关重要的影响。但是客户需求中某些要求通常是语义化、模糊化等不确定描述,设计人员无法准确定位其要求目标,需要对这些数据进行预处理,而且在概念设计中均没有建立客户需求和产品质量特征之间的联系。

2. 产品设计数据

企业在长期的运作中积累了产品的大量详尽的设计数据,主要包括两个方面:一个是按照客户需求进行概念设计得到的总体参数数据,另一个是按照设计原理计算和校验产生的零部件的设计数据,这些数据中都存在有大量的设计知识规则。由于零部件的数据范围较大,故本书重点挖掘数据对象是电牵引采煤机总体技术参数。

4.3　基于粗糙集的知识获取

4.3.1　粗糙集理论的思想

粗糙集(Rough Set,RS)理论是由波兰数学家 Pawlak 在 1982 年提出的一种数据分析理论,是一种新的处理模糊和不确定性知识的数学工具,其主要思想是在保持分类能力不变的前提下,通过知识约简,导出问题的决策或分类规则。在自然科学、社会科学和工程技术的很多领域中,都不同程度地涉及对不确定因素和对不完备信息的处理。从实际系统中采集到的数据常常包含着噪声,不够精确甚至不完整,采用纯数学上的假设来消除或回避这种不确定性,效果往往不理想,反之,如果正视它,对这些信息进行合适地处理,常常有助于相关实际系统问题的解决。粗糙集理论是一种刻画不完整性和不确定性的数学工具,能有效地分析不精确、不一致、不完整等各种不完备的信息,还可以对数据进行分析和推理,从中发现隐含的知识,揭示潜在的规律。粗糙集理论与其他处理不确定和不精确问题理论的最显著的区别是它无须提供问题所需处理的数据集合之外的任何先验信息,所以对问题的不确定性的描述或处理可以说是比较客观的[119]。

粗糙集能有效处理以下问题:不确定或不精确知识的表达;经验学习并从经验中获取知识;不一致信息的分析;根据不确定、不完整的知识进行推理;在保留信息的前提下进行数据化简;识别并评估数据之间的依赖关系。这一思想非常适合作为知识获取的理论指导。

4.3.2 粗糙集理论的基本概念

1. 近似集

定义 4.1 当 $K = (U,R)$ 为一个知识库,令 $X \subseteq R,R$ 是 U 上的一个等价关系。当 X 为 R 的某些等价类的并集时,称 X 是 R 可定义的,否则称 X 是 R 不可定义的。R 可定义集是 U 的子集,它可在知识库中精确地定义,而 R 不可定义集不能在这个知识库中定义,R 可定义集也称为 R 精确集,而 R 不可定义集也称为非精确集或 R 粗糙集。

定义 4.2 给定知识库 $K = (U,R)$,对于每个子集 $X \subseteq U$ 和一个等价关系 $R \in \text{ind}(K)$,粗糙集可以用两个精确集,即粗糙集的下近似和上近似来描述,定义两个子集:

$$R\_X = \cup \{Y \in U/R \mid Y \in X\}, R\text{-}X = \cup \{Y \in U/R \mid Y \cap X \neq \varnothing\}$$

R_X 称为 X 的 R 下近似集,R_X 称为 X 的 R 上近似集。

集合 $\text{bn}_R(X) = R\_X - R\_X$ 称为 X 的 R 边界域;$\text{pos}_R(X) = R\_X$ 称为 X 的 R 正域;$\text{neg}_R(X) = U - R\_X$ 称为 X 的负域。

R_X 或 $\text{pos}_R(X)$ 是由那些根据知识 R 判断肯定属于 X 的 U 中元素组成的集合;R_X 是那些根据知识 R 判断可能属于 X 的 U 中元素组成的集合;$\text{bn}_R(X)$ 是那些根据知识 R 既不能判断肯定属于 X 又不能判断肯定属于 $U - X$ 的 U 中元素组成的集合;$\text{neg}_R(X)$ 是那些根据知识 R 判断肯定不属于 X 的 U 中元素组

成的集合。

2. 知识依赖度

定义 4.3　给定知识库 $K = (U, R)$，且 $P, Q \subseteq R$：

（1）知识 Q 依赖于知识 P（记作 $P \Rightarrow Q$）当且仅当 $\mathrm{ind}(P) \subseteq \mathrm{ind}(Q)$；

（2）知识 P 与知识 Q 等价（记作 $P \equiv Q$）当且仅当 $P \Rightarrow Q$ 且 $Q \Rightarrow P$；

（3）知识 P 与知识 Q 独立（记作 $P \neq Q$）当且仅当 $P \Rightarrow Q$ 与 $Q \Rightarrow P$ 均不成立。

显然，$P \equiv Q$ 当且仅当 $\mathrm{ind}(P) = \mathrm{ind}(Q)$。当知识 Q 依赖于知识 P 时，知识 Q 是由知识 P 导出的。

定义 4.4　给定知识库 $K = (U, R)$，且 $P, Q \subseteq R$，当 $k = \gamma_P(Q) = |\mathrm{pose}_P(Q)| / |U|$ 时，知识 Q 是 $k(0 \leqslant k \leqslant 1)$ 度依赖于知识 P 的，记作 $P \Rightarrow kQ$。当 $k = 1$ 时，称 Q 完全依赖于 P；当 $0 < k < 1$ 时，称 Q 粗糙（部分）依赖于 P；当 $k = 0$ 时，Q 完全独立于 P。

3. 知识约简

知识约简是粗糙集理论的核心内容之一。众所周知，知识库中知识（属性）并不是同等重要的，甚至其中某些知识是冗余的。所谓知识约简，就是在保持知识库分类能力不变的条件下，删除其中不相关或不重要的知识[119]。

定义 4.5　令 R 为一等价关系，并且 $r \in R$，如果 $\mathrm{ind}(R) = \mathrm{ind}(R - \{r\})$，则称 r 为 R 中不必要的；否则称 r 为 R 中必要的。如果每一个 $r \in R$ 都为 R 中必要的，则称 R 为独立的；否则称 R 为依赖的。

定义 4.6　设 $Q \subseteq P$，如果 Q 是独立的，且 $\mathrm{ind}(Q) = \mathrm{ind}(P)$，则称 Q 为 P 的一个约简，$\mathrm{RED}(P)$ 表示 P 的所有约简，P 中所有必要关系组成的集合称为 P 的核，记作 $\mathrm{CORE}(P)$。核与约简的关系表示为 $\mathrm{CORE}(P) = \cap \mathrm{RED}(P)$。

定义 4.7　令 P 和 Q 为 U 中的等价关系族，$R \in P$，如果 $\mathrm{pos}_{\mathrm{ind}(P)}(\mathrm{ind}(Q)) = \mathrm{pos}_{\mathrm{ind}(P - \{R\})}(\mathrm{ind}(Q))$，则称 R 为 P 中 Q 不必要的；否则为 P 中 Q 必要的。

4. 决策表

定义 4.8　给定知识表达系统 $S = (U, A, V, f)$，U 为非空论域，$A = C \cup D$，$C \cap D = \varnothing$，其中 C 为条件属性集，D 为决策属性集，此知识表达系统称为决策表。

在决策表中，不同的属性可能具有不同的重要性，为了找出某些属性的重要性，可以从表中去掉一些属性后考察分类的变化，若去掉该属性相应分类变化较大，则说明该属性的强度大，即重要性高；反之，说明该属性的强度小，即重要性低。

定义 4.9　令 (U, A)，$A = C \cup D$，C 为条件属性集，D 为决策属性集，条件属性子集 $C' \subseteq C$，关于决策属性 D 的重要性定义为

$$\sigma_{CD}(C') = \frac{\gamma_C(D) - \gamma_{C-C'}(D)}{\gamma_C(D)} = \frac{|X_C| - |X_{C-C'}|}{|X_C|} \qquad (4-1)$$

特别当 $C' = \{a\}$ 时,属性 $a \in C$ 关于 D 的重要性为

$$\sigma_{CD}(a) = \frac{\gamma_C(D) - \gamma_{C-(a)}(D)}{\gamma_C(D)} = \frac{|X_C| - |X_{C-(a)}|}{|X_C|} \qquad (4-2)$$

式中:$\gamma_{C-\{a\}}(D) = \mathrm{card}(\mathrm{pose}_{C-a}(D))/\mathrm{card}(U)$,表示在 C 中缺少属性 a 后属性集 C 和 D 的依赖程度,如果 $\gamma_a(D)$ 为 0,则称属性 c_i 对于决策属性 D 是冗余的,否则是不可缺少的属性,其权重被定义为

$$\omega_i = \gamma_{c_i}(D) / \sum_i \gamma_{c_i}(D) \qquad (4-3)$$

目前,粗糙集理论已被成功应用于机器学习、决策分析、知识发现和人工智能等领域,正是利用其自身明显的优势[120],总结如下:

(1)粗糙集是能处理包括不完整的数据以及拥有众多变量的各种数据的强大的数据分析工具,能处理数据的不精确性和模棱两可,包括确定性和非确定性的情况。

(2)它能求得知识的最小表达,能评估数据之间的依赖关系,产生精确而又易于检查和证实的规则,特别适于智能控制中规则的自动生成。

(3)粗糙集理论能够分析隐藏在数据中的事实而无须提供问题所处理数据集之外的任何先验知识;

(4)粗糙集理论算法简单、易于操作,并且有利于并行执行。

4.3.3　粗糙集与模糊集的关系

粗糙集理论与模糊集理论在处理不确定性问题方面都推广了经典的集合理论[121]。Pawlak 教授在 1985 年就提出粗糙集和模糊集作为两种描述知识不确定性的理论具有很强的互补性。粗糙集理论处理不完整和不确定信息不需要数据分布概率等先验知识,通过知识约简,导出分类规则,上、下近似及粗糙度是通过对客观数据的计算所得,不需要提供所需处理的数据集合之外的任何先验信息,这是粗糙集最大的优点,但是粗糙集理论对信息系统中的离散属性比较有效,而对连续属性处理能力有限,这一缺陷可以利用模糊集理论弥补。模糊集理论用模糊隶属函数来刻画模糊不确定性,允许元素对集合的部分隶属关系,但模糊集理论中模糊集隶属函数的确定必须以先验经验为基础,带有一定的主观先验性,这一缺陷可以利用粗糙集理论对不确定性的描述的客观性弥补。因此粗糙集和模糊集结合起来可更好地描述信息系统,改善实际问题的处理效果。

模糊集理论是在 1965 年被提出来的,经典的 L. A. Zadeh 模糊集模型从隶属函数出发定义模糊集,从而建立了模糊集理论和方法。模糊集的基本定义[121]

如下：

定义 4.10　对于论域 $U, \tilde{A}$ 是 U 上的一个模糊集，如果 $\forall x \in U$，都能确定一个数 $\mu_{\tilde{A}}(x) \in [0,1]$，来表示 x 属于 $\tilde{A}$ 的程度，称为 U 中元素 x 对模糊集 $\tilde{A}$ 的隶属度。$\mu_{\tilde{A}}(x)$ 是一个映射：$\mu_A : U \rightarrow [0,1] x \rightarrow \mu_{\tilde{A}}(x) \in [0,1]$，$\mu_{\tilde{A}}(x)$ 称为 $\tilde{A}$ 的隶属函数。模糊集 $\tilde{A}$ 是由隶属函数 $\mu_{\tilde{A}}(x)$ 唯一确定的。特别地当 $\mu_{\tilde{A}}(x)$ 只取 0 和 1 时，模糊集就蜕化为普通集合了。

定义 4.11　设在实数域 R 上的一个模糊数 $\tilde{A}$，定义一个隶属函数：$\mu_{\tilde{A}}(x)$：$R \rightarrow [0,1] x \in R$，若隶属函数为 $\mu_{\tilde{A}}(x) = \begin{cases} 0 ; x \leqslant a \| x > c \\ (x-a)/(b-a) ; a < x \leqslant b \\ (c-x)/(c-a) ; b < x \leqslant c \end{cases}$，则称 $\tilde{A}$ 为

三角模糊数，记作 $\tilde{A} = (a,b,c)$。其中，$a \leqslant b \leqslant c$，三角模糊数的分布如图 4 – 1 所示。

定义 4.12　对于论域 U 上的模糊集 $\tilde{A}$，当 $\alpha \in [0,1]$，称集合 $\tilde{A}_\alpha = \{x \mid \mu_{\tilde{A}}(x) \geqslant \alpha\}$ 为模糊集 $\tilde{A}$ 的 α 水平截集，简称 α – 截集；当 $\tilde{A}_\alpha = \{x \mid \mu_{\tilde{A}}(x) > \alpha\}$ 时，α 称为置信水平。设三角模糊

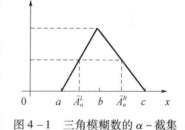

图 4 – 1　三角模糊数的 α – 截集

数 $\tilde{A} = (a,b,c)$，取置信水平 $\alpha \in [0,1]$，可以得置信水平区间：

$$\tilde{A}_\alpha = [\tilde{A}_\alpha^L, \tilde{A}_\alpha^R] = [(b-a)\alpha + a, -(c-b)\alpha + c] \tag{4-4}$$

4.3.4　基于粗糙集的知识获取步骤

在粗糙集理论中，知识被看作是关于论域的划分，是一种对对象进行分类的能力。其要点是将分类与知识联系在一起，并用等价类关系形式化表示分类，认为知识就是使用等价类对离散空间的划分。粗糙集理论支持知识获取的多个步骤，如数据预处理、数据约简、规则生成、获取数据依赖关系等。基于粗糙集理论对产品设计知识进行处理，从中获取各种信息、设计参数之间的关联，形成指导产品设计的规则知识，从而更好地继承已有的成熟设计经验，在设计过程中设计出符合要求和创新性的产品。基于粗糙集的产品设计知识获取大致分为以下几个步骤[122]：

1. 产品设计的知识库要素定义

产品设计的知识库可定义为 (U,A,C,D)，其中 U 表示所有产品设计的实例集合，即论域；A 表示为设计条件属性（参数）和设计决策属性（结果）的集合；C

表示为设计条件属性(参数);D 为设计决策属性(结果)。

2. 理解领域知识,明确系统目标

根据产品设计的总体目标和分阶段目标及其相关设计原理、过程设定领域知识,为后续数据集的处理提供限制条件。

3. 数据预处理

收集原始数据,对数据进行数据补齐和冗余删减,选择需要进行知识获取的数据作为训练样本。

4. 属性约简

属性约简是知识获取过程中的重要步骤,为数据挖掘提供前期准备工作。产品设计过程中,各个设计条件属性对于产品设计结果的重要程度是有区分的,有些条件属性起到了决定性的重要作用,有些条件属性起到了次要性的作用,为了从已有的产品设计数据库中挖掘出适用度大的知识,而且为了提高设计推理时的效率,需要对设计条件参数进行约简,如果有些条件属性从知识库中去掉仍不会改变对设计结果的分类能力,那么这些条件属性是多余的,应该把它们从知识库中删除掉,从而找出了产品设计条件参数的核,即不可省略的参数集合。经典粗糙集中属性约简的许多算法都只能对离散化数据进行处理,然而,在实际数据库中存有大量的连续属性,为了能够处理这些含有连续属性的数据样本得到简洁有效的规则,常常需要对连续属性离散化。

数据预处理和属性约简是数据挖掘和知识获取的重要预处理步骤,直接关系到知识获取的效果。

5. 规则生成

在具体的产品设计过程中,设计人员对于产品的属性特征以及这些设计条件属性对于产品设计结果的影响缺乏足够的认识和深层次的挖掘,对于设计条件属性与设计决策之间的关系及依赖关系缺乏明确的认知,根据粗糙集理论可以从数据中发现设计条件属性与设计决策属性的依赖关系等更多有价值的潜在信息,从而总结出产品设计规则知识。

4.4 基于经典粗糙集模型的属性约简

属性约简是知识获取中的重要步骤,也是经典粗糙集理论研究的核心内容之一。在一个信息系统中,大量冗余知识的存在一方面浪费系统资源,另一方面干扰人们做出正确简捷的决策。因此需要去除冗余信息获得更为简捷的决策规则,这一过程称为属性约简。通过属性约简,可以在保持知识库中决策能力不变的条件下剔除掉知识库中的冗余属性,挖掘知识中隐藏的关联。

经典粗糙集理论中的属性约简主要有基于差别矩阵的约简算法和基于属性重要度的启发式约简算法两种。

4.4.1　基于差别矩阵的属性约简算法

该算法的主要思想是:首先利用差别矩阵导出差别函数,然后求解析取范式,该范式的每一个析取项即为一个约简[123]。

在信息系统 $S = (U, A, V, f)$ 中,$|U| = n$,属性集 $P \subseteq A$ 的差别矩阵 $M(P)$ 是一个 $n \times n$ 矩阵,其任一元素为 $\delta(x, y) = \{\alpha \in P \,|\, f(x, a) \neq f(y, a)\}$,$(x, y \in U)$。$\delta(x, y)$ 是区别对象 x 和 y 的所有属性的集合。

定义 4.13　如果属性集 $A = C \cup D$,其中 C 为条件属性集,D 为决策属性集,则可定义 (C, D) 差别矩阵,记为 $M(C, D)$。

$$\delta(x, y) = \begin{cases} \{a \in C \,|\, f(x, a) \neq f(y, a)\} & ([x]_C \neq [y]_C \text{ 且 } [x]_D \neq [y]_D) \\ 0 & ([x]_C = [y]_C \text{ 或 } [x]_D = [y]_D) \end{cases}$$

$$(4-5)$$

式(4-5)表明,当两条记录之间条件属性值不完全相同且决策属性值也不相同时,该元素为属性不相同的条件属性的组合;当两条记录之间条件属性值相同或决策属性值相同时,该元素为 0。

定义 4.14　为了利用差别矩阵进行属性约简,定义差别函数

$$\Delta = \prod_{(x, y \in U \times U)} \sum \delta(x, y) \qquad (4-6)$$

差别函数 Δ 的极小析取范式中的所有合取式是属性集 A 的所有约简,如果 $P \subseteq A$ 满足条件 $P \cap a(x, y) \neq \varnothing, \forall a(x, y) \neq \varnothing$ 的极小子集,则 P 是 A 的一个约简。核实区分矩阵中所有单个元素组成的集合,即

$$\text{CORE}(A) = \{a \in A \,|\, a(x, y) = \{a\}, x, y \in U\} \qquad (4-7)$$

差别矩阵约简算法描述如下:

输入:决策表 DT。

输出:属性约简 R。

步骤如下:

(1) 计算差别矩阵;

(2) 得到核 k(差别矩阵中只含有单个属性的元素集合);

(3) $k \Rightarrow R$;

(4) $M(DT) = M(DT) - \{c_{ij} \,|\, c_{ij} \cap R = \varnothing\}$;

(5) 判断 $M(DT)$ 是否为空,如果为空,则输出 R,否则继续;

(6) 计算每个未入选属性 $c \in A - R$ 的重要性:$\text{Sig}(c, R, A)$ 表示属性 c 在 M

(DT) 中出现的次数,$\mathrm{Sig}(c',R,A)$ 为 $\{\mathrm{Sig}(c,R,A)\}$ 的最大值,$R\cup\{c'\}\Rightarrow R$,转到第(4)步。

利用差别矩阵进行属性约简有很多优点,特别是直观、易于理解,很容易地计算约简和核,但是存在计算结果不唯一的缺陷。

4.4.2 基于属性重要度的启发式约简算法

该算法的主要思想是:利用条件属性集对于决策属性集的依赖程度确定条件属性的重要度,并把属性的重要度作为启发信息缩小搜索空间,构造一个基于属性重要度的启发式属性约简算法,从而得到一个最优解[124]。最常见的启发式算法是以决策表的相对核为起点,依照属性的重要性大小,将其加入到约简集合中,并测试是否为真正的约简。对于用户特别关注的字段也可加入到约简集中。

启发式约简算法描述如下:

输入:(1)决策表 DT;(2)属性核 CORE;(3)用户关注的属性集合 Custom。

输出:约简集合 RED(U)。

步骤如下:

(1) RED(U) = CORE $\cup$ Custom;

(2) $C' = C -$ RED(U);

(3) 计算 C' 中每个属性的重要性,根据属性重要性将属性排序;

(4) While($\gamma_{\mathrm{RED}(U)}(D) \neq \gamma_c(D)$) do;

(5) 在 C' 中选择最重要的属性 a_j;

(6) RED(U) = RED(U) + $\{a_j\}$,$C' = C - \{a_j\}$;

(7) 计算 $\gamma_{\mathrm{RED}(U)}(D)$;

(8) For $i = 0$ to $M - 1$ do;

(9) If (a_i is not in CORE) Then;

(10) RED(U) = RED(U) - $\{a_j\}$;

(11) 计算 $\gamma_{\mathrm{RED}(U)}(D)$;

(12) If($\gamma_{\mathrm{RED}(U)}(D) \neq \gamma_c(D)$) Then RED($U$) = RED($U$) + $\{a_j\}$。

该算法在计算属性重要性的同时把核也计算出来,降低了时间复杂度。

许多学者将上述两种经典粗糙集属性约简方法进行改进,例如文献[125]提出了一种基于差别矩阵的改进算法,通过定义约简可信度和相对于核的属性重要度可以快速得到决策表的约简,但是在数据量极少的情况下会产生部分非核属性的重要度趋同导致计算有误差。

4.5 基于广义邻域粗糙集模型的属性约简

4.5.1 连续属性的离散化问题

Z. Pawlak 提出的经典粗糙集理论处理的是离散属性值,但是在大量的决策问题中,决策信息系统中的属性值往往是连续的,为了克服经典粗糙集模型的不足,许多研究者寻求使其适应连续值属性的约简,因此进行连续值的离散化是当前粗糙集理论研究领域的重要内容之一,该方面的研究取得了一定的进展。

所谓连续属性离散化就是在特定的连续属性的值域范围内设定若干个离散化划分点,将属性的值域范围分成一些离散化区间。

设 $S = (U, C \cup \{d\})$ 是一个决策表,论域 $U = \{x_1, x_2, \cdots, x_n\}$ 是有限的对象集合,$C = \{a_1, a_2, \cdots, a_m\}$ 是条件属性的集合,d 是决策属性,V_a 是属性的值域,$V_d = \{1, 2, \cdots, r(d)\}$,$r(d)$ 是决策类的个数。对于条件属性 $a \in C$,$c \in R$,$V_a = [m_a, n_a]$,其中 $m_a < c_1^a < c_2^a < \cdots < c_{l_a}^a < n_a$,则这一组按区间划分为 $V_a = [m_a, c_1^a) \cup [c_1^a, c_2^a) \cup \cdots \cup [c_{l_a}^a, n_a]$,将属性 a 的取值分为 $l_a + 1$ 个等价类,这里每一个 c_i^a 被叫做 a 上的一个断点。离散化的目的就是对所有连续属性都找到断点集,此时令 $f^p(x, a) = i \Leftrightarrow f(x, a) \in [c_i, c_{i+1})$,则原来的信息系统 (U, R, V, f) 经过离散化处理后可得到新的信息系统 (U, R, V^p, f^p)。

连续属性的离散化方法很多,不同的离散化方法会产生出不同的离散化结果,但任何一种离散化方法都应达到以下两点目标[126]:

(1)属性离散化后的空间维数应尽量少,也就是经过离散化后的每一个属性都应包含尽量少的属性值的种类,属性空间规模越小,离散化处理后的数据所生成的规则就越简单、通用。

(2)属性值被离散化后丢失的信息尽量少。当某个属性的离散化处理不成功就可能导致离散化处理后的数据集与原始数据集的不一致性,我们就容易丢失原本有价值的信息,因此应该尽量保证数据集离散化处理前后的一致性。

现有的离散化方法中根据离散过程中是否考虑信息系统具体的属性值,可分为无监督离散化方法和监督离散化方法。无监督离散化方法在离散过程中很少或不考虑具体的属性值,监督离散化方法参照具体的属性值来进行的。连续属性的无监督离散化方法主要有等宽度离散化方法和等频率离散化方法,这是离散化方法中出现最早的两种方法。这类方法比较简单,但因忽略了对象的类别信息,使其容易丢失信息,也就难以获得较好的离散化效果。

有监督离散化方法在离散过程中考虑了属性值的具体情况,在一定程度上克服了无监督离散化带来的不足。在离散化方法研究中，基于属性重要性、基于信息熵、基于贪心搜索思想是目前较常用的离散化算法[127,128]。

1. 基于属性重要性的连续属性离散化算法

该算法的基本思路是：首先通过去掉该属性后对决策属性的影响来计算每个条件属性的重要性，然后根据条件属性重要性从小到大排序，对条件属性 a 的每个候选断点 c_i 进行判断，如果去掉断点 c_i 没有引起新的不相容性，则去掉断点 c_i，否则留下断点 c_i。这样依次求出每个条件属性的断点，通过合并断点划分离散区间。

该算法根据属性的重要性程度对属性离散化的顺序进行了合理调整，但是容易造成断点过多，从而产生过多规则的后果。

2. 基于信息熵的连续属性离散化算法

信息熵和断点信息熵的定义如下：

定义 4.15 决策表 $S = (U, R, V, f)$，对每一个连续型条件属性 $a \in C$，其中某属性值排序后为 $m_a < c_1^a < c_2^a < \cdots < c_{l_a}^a < n_a, X \subseteq U$，子集的基数为 $|X|$，决策属性为 $j(j = 1,2,3,\cdots,r(d))$ 的实例个数为 r_j，定义子集 X 的信息熵为

$$H(X) = \sum_{i=1}^{r(d)} p_j \log_2 p_j, p_j = r_j / |X| \qquad (4-8)$$

$H(X)$ 越小，说明集合 X 中个别决策属性值占主导地位，因此系统混乱程度越小。当 $H(X) = 0$ 时，X 中决策属性值都相同，这一性质保证了离散化算法不影响决策表的相容性。

定义 4.16 对于断点 $c_i^a(a \in C)$，在子集 $X \subseteq U$ 中且决策属性值为 $j(j = 1,2,3,\cdots,r(d))$ 的实例中：

$$m^X(c_i^a) = \sum_{j=1}^{r(d)} m_j^X(c_i^a) \qquad (4-9)$$

$$n^X(c_i^a) = \sum_{j=1}^{r(d)} n_j^X(c_i^a) \qquad (4-10)$$

断点 c_i^a 将集合 X 分成两个子集 X_m, X_n，且有

$$H(X_m) = \sum_{j=1}^{r(d)} p_j \log_2 p_j, p_j = \frac{m_j^X(c_i^a)}{m^X(c_i^a)} \qquad (4-11)$$

$$H(X_n) = \sum_{j=1}^{r(d)} p_j \log_2 p_j, p_j = \frac{n_j^X(c_i^a)}{n^X(c_i^a)} \qquad (4-12)$$

定义断点 c_i^a 的信息熵为

$$H^X(c_i^a) = |X_m| H(X_m) / |X| + |X_n| H(X_n) / |X| \qquad (4-13)$$

假设 $L = \{Y_1, Y_2, \cdots, Y_l\}$ 是决策表被选取断点的集合 P 划分的等价类，则加

入新断点 $c \notin P$ 后新的信息熵为

$$H(c,L) = H^{Y_1}(c) + H^{Y_2}(c) + \cdots + H^{Y_l}(c) \qquad (4-14)$$

$H(c,L)$ 越小，说明加入该断点后划分的新等价类的决策属性趋于单一，因此 $H(c,L)$ 体现了断点 c 的重要性。

基于信息熵的连续属性离散化算法的基本思想是：将连续属性 a 进行离散化时，每次选取最小信息熵的断点进行划分，直到满足终止条件停止划分。该算法在计算信息熵时需要对数据集的对象按照决策值分类，因此与属性集决策值分类多少有关，直接影响算法的计算代价。

3. 基于粗糙集与布尔逻辑相结合的离散化算法

该算法是粗糙集理论中离散化方法的重大突破，它是让其中一个断点或几个断点去区分两个实例的不同的不可分辨关系。首先根据原有信息系统构造新的信息系统：

$S^* = (U^*, C^* \cup \{d\})$，其中 $U^* = \{(x_i, x_j) \in U \times U \mid d(x_i) \neq d(x_j)\}$

$C^* = \{P_r^a : a \in C, r$ 是属性 a 的第 r 个断点 $[c_r^a, c_{r+1}^a]\}$

对于 $\forall p_r^a \in C^*$，如果 $[c_r^a, c_{r+1}^a] \subseteq [\min(a(x_i), a(x_j)), \max(a(x_i), a(x_j))]$，则 $p_r^a(x_i, x_j) = 1$，否则 $p_r^a(x_i, x_j) = 0$；然后设计初始化断点集 CUT $= \varnothing$，选取所有列中 1 的个数最多的断点加入到 CUT 中，去掉此断点所在的列和在此断点上值为 1 的行；如果信息系统 S^* 中的元素不为空，则继续执行上一步，否则停止，此时 CUT 即是所求的断点集。

该算法在首先保持信息系统不可分辨关系不变的前提下，尽量能够以最小数目的断点把所有实例间的分辨关系区分开。但此方法的时间复杂度和空间复杂度较高，因此当信息系统的数据较大时是不可取的。

4.5.2 连续属性离散化的弊端

通过上述连续属性离散化算法虽然能够将连续属性处理成为离散属性，从而进行属性约简，但是在离散过程中，由于断点的存在使得离散化对噪声非常敏感，因此断点集的选取对离散化效果的优劣起着关键的作用。如果断点的位置很微妙，数据被噪声污染前后的大小恰好位于断点位置的前后，而这类断点又很多，那么经过离散化处理前后的数据表的差距就很大了。因此，目前仍然没有一种离散化方法是"普适性"的，即对任意的数据集都能取得良好的离散化结果，大多数算法只能说在一定程度上降低了数据冲突发生的可能性，但是不可能完全避免数据冲突现象的发生。这也是经典粗糙集模型难以扩展的"瓶颈"问题。

4.5.3　广义邻域粗糙集的属性约简算法

为了避免离散化不当造成的不良后果,对于属性值集为连续值的决策系统,文献[129]提出了基于广义近邻关系的实域粗糙集模型。它不需要经过离散化过程,而根据属性的特征定义了属性的广义重要度,从而可以重新度量空间中样本之间的相似性距离,然后以广义欧氏距离为基础构成了空间中的广义近邻关系,在此关系下定义了实域粗糙集及集合的关系和性质。

定义 4.17　给定决策系统 $S = (U, C \cup \{d\}, V)$, $U/d = \{d_1, d_2, \cdots, d_{r(d)}\}$, $\forall a \in C$,定义属性 a 的广义重要度为

$$\sigma_g(a) = \begin{cases} 1 - \dfrac{1}{C_{r(d)}^2} \displaystyle\sum_{\substack{i \neq j \\ i,j=1}}^{r(d)} \dfrac{a(d_i) \cap a(d_j)}{\mathrm{maxcross}(a(d))} & \text{其他} \\ 1 & (\forall i,j, a(d_i) \cap a(d_j) = \varnothing) \end{cases}$$

$$(4-15)$$

式中: $C_{r(d)}^2$ 表示从 $r(d)$ 个数中取 2 的组合; $a(d_i) \cap a(d_j) \subset V$ 表示属性 a 对应 d_i 决策值的属性值子集与对应 d_j 决策值的属性值子集的交集部分; $\mathrm{maxcross}(a(d)) \subset V$ 表示属性 a 对应全部两两决策值的属性值子集的所有交集所包围的最大区间。 $\sigma_g(a) \in [0,1]$, 当所有组合 $a(d_i) \cap a(d_j) \subset V = \varnothing$ 时, $\sigma_g(a) = 1$,此时属性 a 的广义重要度最大;当所有组合 $a(d_i) = a(d_j)$ 时, $\sigma_g(a) = 0$,此时属性 a 的广义重要度最小。

属性的广义重要度与经典粗糙集中的属性重要度不同,经典粗糙集中,如果属性是可约简的,则该属性重要度的值为零,可是它的属性广义重要度不一定为零。因此,属性的广义重要度与经典的属性可约简之间没有必然的联系,但是它反映了该属性对于决策分类的影响程度,即广义重要度对属性是否可约简也有影响,但是这个影响不足以判断属性是否可约简,而只能说它的值越小,该属性可被约简的可能性越大;反之,它的值越大,则该属性可被约简的可能性就越小。

定义 4.18　给定决策系统 $S = (U, C \cup \{d\}, V)$, $U/d = \{d_1, d_2, \cdots, d_{r(d)}\}$, $\forall P \subseteq C$,定义属性 P 的广义重要度为

$$\sigma_g(a) = \begin{cases} 1 - \dfrac{1}{C_{r(d)}^2} \displaystyle\sum_{\substack{i \neq j \\ i,j=1}}^{r(d)} \dfrac{P(d_i) \cap P(d_j)}{\mathrm{maxcross}(P(d))} & \text{其他} \\ 1 & (\forall i,j, P(d_i) \cap P(d_j) = \varnothing) \end{cases}$$

$$(4-16)$$

式中: $C_{r(d)}^2$ 表示从 $r(d)$ 个数中取 2 的组合; $P(d_i) \cap P(d_j) \subset V$ 表示属性子集 P 对应决策 d_i 所包围的属性值区域与它对应的决策 d_j 所包围的属性值区域的交

集;maxcross($P(d)$)表示属性子集 P 对应全部两两决策所有相交部分所包围的最大区域。

定义 4.19　设任意 $x,y \in U,P$ 为 C 的一个非空有限子集,定义 x,y 的广义重要度欧氏距离为

$$d_g^p(x,y) = \sqrt{\sum_{a_i} \sigma_g(a_i)(x_i - y_i)^2} \qquad (4-17)$$

若满足 $d_g^p(x,y) < \delta$,其中 δ 为一正实数,称(x,y)满足 δ 广义近邻关系。δ 广义近邻关系粗糙集满足自反性和对称性但不满足传递性,属于相容关系。

定义 4.20　属性子集 P 下的实数域下近似和上近似定义为

$$\underline{P^\delta}(X) = \{x \in U \mid [x]_P^\delta \subseteq X\} \qquad (4-18)$$

$$\overline{P^\delta}(X) = \{x \in U \mid [x]_P^\delta \cap X = \varnothing\} \qquad (4-19)$$

对于 $p \in U,D \in U$,定义广义近邻关系下 P 对于 D 的粗糙度为

$$\gamma_p(D) = \frac{|[x]_P^\delta \cap D|}{|D|} \qquad (4-20)$$

从经典粗糙度定义的公式中可以看出,X_C 是一个等价类,类中的元素之间都具有等价的条件,而广义近邻关系是一种相容关系,定义的 $[x]_P^\delta$ 是一个相容类,即类中元素之间不具备等价条件,只能具备相似的特性。

广义领域粗糙集的属性约简算法描述如下:

输入:决策系统 $S = \{U, C \cup \{d\}\}, U/d = \{d_1, d_2, \cdots, d_{r(d)}\}, C = \{a_1, a_2, \cdots, a_m\}$。

输出:属性约简 R。

(1) 计算所有单个属性的广义重要度 $\sigma_g(a_i)(i=1,2,\cdots,m)$,形成 m 个一元组,并计算属性集 C 的广义重要度 $\sigma_g(C)$。

(2) 从 $\sigma_g(a_i)(i=1,2,\cdots,m)$ 中选择 k 个最大值对应的属性(k 表示 Beam 的宽度),并以这些属性作为起点开始属性子集的搜索。

(3) 加一个新属性到 k 个属性中的每一个上面,形成 $k(n-1)$ 个二元组。

(4) 计算每一个 t 元组的属性子集的广义重要度,并选择广义重要度最大的 k 个属性子集。

(5) 再在这 k 个 t 元组的基础上加上一个不在此 k 个 t 元组中的其他属性,形成所有可能的$(t+1)$元组。

(6) 重复(4)到(5),直到某个 t 元组形成的属性子集的广义重要度的值等于 $\sigma_g(C)$,那么这个 t 元组搜索停止;而其他的$(k-1)$个 t 元组则继续搜索,直到也能得到它的属性子集的广义重要度的值等于 $\sigma_g(C)$ 则停止。

(7) 最后得到的与 $\sigma_g(C)$ 相等的 t 元组对应的属性子集就是属性约简的结果。

广义邻域粗糙集的属性约简虽然避免了对连续属性的离散化不当造成的不良后果,但是这种方法仅对连续值属性约简有效,因此仅在实数领域效果较好,但是还有很多问题需要解决:

(1)基于广义邻域的属性约简模型需要计算各对象的邻域,并且寻找领域参数值在理论上缺乏合理的解释。

(2)对于既有离散值属性又有连续值属性的领域,需要继续寻找可行的方法。

为此,文献[130]提出了基于 ε 一致性准则的属性约简模型,并在此基础上得到了属性约简算法。

4.6 基于 ε 一致性准则的粗糙集扩展模型的属性约简

4.6.1 一致性准则

一致性指同类事物取相同的属性值,一致性准则的若干定义如下:

定义 4.21 设 $S = <U, C \cup D, V, f>$ 为一决策表,对 $R \subseteq C$,若两个不同的对象 x 和 y 在属性集 R 下具有相同的条件属性值而具有不同的分类,则称 x 和 y 是关于 R 不一致的,否则称 x 和 y 是关于 R 一致的。

定义 4.22 设 $S = <U, C \cup D, V, f>$ 为一决策表,其中两个对象 $x, y \in U, f(x, D) \neq f(y, D)$,若有 $d_R(x, y) > \varepsilon$ 或 $ds_R(x, y) > \varepsilon$,则称 x, y 在 R 上是 ε 一致的;否则,x, y 在 R 上是 ε 不一致的,其中 $\varepsilon \geq 0$(ε 被称为一致性参数),$d_{C'}(x, y)$ 或 $ds_{C'}(x, y)$ 表示两个对象 x 与 y 之间的距离或不相似度,$d_R(x, y) = \max_{a \in R} | f(x, a) - f(y, a) |$。

定义 4.23 在决策表 S 中,$R \subseteq C$,对 $x \in U$,若 $\forall y \in U, f(x, D) \neq f(y, D)$,有 $d_R(x, y) > \varepsilon$ 或 $ds_R(x, y) > \varepsilon$,则称 x 在 R 上是 ε 一致对象,简记为 $U(R, \varepsilon)$;否则,x 在 R 上是 ε 不一致对象,简记为 $IU(R, \varepsilon)$。其中,$\varepsilon \geq 0, d_R(x, y) > \varepsilon$ 或 $ds_R(x, y) > \varepsilon$ 表示两个对象 x 与 y 之间的距离或不相似度。

4.6.2 基于 ε 一致性准则的属性约简模型

基于 ε 一致性准则的属性约简方法是以属性值在同类对象中的一致性作为度量属性包含噪声和干扰的指标,利用一致性因子 ε 作为属性一致性判据,删除包含较多噪声和干扰的属性,通过逐步扩展重要属性得到一个有效的约简属性集。

依据上述 ε 一致对象和 ε 不一致对象的定义,得到决策表属性约简模型。

定义 4.24 设 $S = <U, C \cup D, V, f>$ 为一决策表,设 $R \subseteq C, \varepsilon \geq 0$,若 $U(R, \varepsilon) =$

$U(C,\varepsilon)$ 且 $U(P,\varepsilon) \subset U(R,\varepsilon)(\forall P \subset R)$，则称 R 是 C 的一个约简。

其中对于离散属性值，如果 U 中的两个对象在属性子集 R 中的距离 $d_R(x, y)$ 可定义为

$$d_R(x,y) = \begin{cases} 1 & \exists a \in R, \text{满足} f(x,a) \neq f(y,a) \\ 0 & \text{其他} \end{cases} \quad (4-21)$$

显然，当 $d_R(x,y) = 0$ 时，与 4.3.2 节中经典粗糙集集理论中属性约简的定义是一致的，因此，该模型是经典粗糙集属性约简模型的扩展。

对于连续属性值，设 $R \subseteq C, \varepsilon \geq 0$，令 $x(x \in U)$ 关于 R 的 ε 邻域为 $NN(x, R, \varepsilon) = \{y \mid d_R(x,y) \leq \varepsilon\}$。对任意 $X \subseteq U$，定义 X 关于 R 的下近似为 $RX = \{x \in U \mid NN(x, R, \varepsilon) \subseteq X\}$，有如下定理：

定理 4.1　若 $x_i(x_i \in U)$ 在 R 上是 ε 一致对象，若 $f(x_i, D) = s$，则 $NN(x_i, R, \varepsilon) \subseteq \psi_s$。

定理 4.2　对给定的 ε（$\varepsilon \geq 0$），设 $R \subseteq C$，若 $i \neq j(1 \leq i, j \leq k)$，则 $R\Psi_i \cap R\Psi_j = \varnothing$。

定理 4.3　对给定的 ε（$\varepsilon \geq 0$），设 $R \subseteq C$，有 $U(R, \varepsilon) = \bigcup_{i=1}^{K} R\Psi_i$ 成立。

可见，基于 ε 一致性准则的属性约简模型可推导出基于广义领域属性约简模型，而且避免了计算各对象领域的问题。

在属性约简过程中关于属性子集在不断扩大的过程中一致性对象集变化的问题有如下定义和定理：

定义 4.25　对给定的 $\varepsilon \geq 0$，属性子集 $R \subseteq C$，差别矩阵为 M_R，如果对于 $x_i \in U, f(x_i, D) = t(1 \leq t \leq n)$，$\sum_{j=1}^{|U|} M_R(x_i, x_j) = \sum_{j=1, i \neq t}^{n} |\Psi_j|$ 成立，则称 x_i 在 R 上是 ε 一致对象，否则 x_i 在 R 上是 ε 不一致对象。

定理 4.4　对于给定的 ε，如果已知属性子集 $R \subseteq C$ 和 $P \subseteq C$，差别矩阵分别为 M_R 和 M_P，则属性子集 $R \cup P$ 的差别矩阵为

$$M_{R \cup P}(x_i, x_j) = \begin{cases} 1 & \text{当} M_R(x_i, x_j) = 1 \text{ 或 } M_P(x_i, x_j) = 1 \\ 1 & \text{当} f(x_i, D) \neq f(x_j, D) \text{且} d_{R \cup P}(x_i, x_j) > \varepsilon \\ 0 & \text{其他} \end{cases} \quad (4-22)$$

由上述定理得到属性重要度计算公式：

$$\text{Sig}(c, P, \varepsilon) = |U(R \cup \{C\}, \varepsilon)| - |U(R, \varepsilon)| \quad (4-23)$$

式（4-23）中，如果 $\text{Sig}(c, P, \varepsilon) = 0$，则表明属性 c 对于 P 的重要度为 0，属性 c 是冗余属性，应该被删除。$\text{Sig}(c, P, \varepsilon)$ 的值越大，表明属性 c 的重要度越高。

根据上述基于 ε 一致性准则的属性约简模型的思路，基于 ε 一致性准则的

属性约简算法描述如下：

输入：(1)决策表 DT；(2)一致性参数 ε。

输出：属性约简 R。

步骤如下：

(1) 计算差别矩阵 M_R。

(2) $R = \varnothing$。

(3) 计算 $U(C,\varepsilon)$。

(4) 计算每个未入选属性 $c \in C - R$ 的重要性，$\mathrm{Sig}(c,R,\varepsilon)$ 表示属性 c 在 $M(DT)$ 中出现的次数，令 b 为使 $\{\mathrm{Sig}(c,R,\varepsilon)\}$ 成为最大值的属性。

(5) if $\mathrm{Sig}(c,R,\varepsilon) > 0, R \cup \{b\} \Rightarrow R$，计算差别矩阵，转到第(4)步。

(6) if $U(R,\varepsilon) \neq U(C,\varepsilon)$，then 计算 $I(M_{R \cup \{c\}})$，其中 $c \in C - R$；令 b 为使 $\{I(M_{R \cup \{c\}}) - I(M_R)\}$ 成为最大值的属性；if $I(M_{R \cup \{b\}}) - I(M_R)$ then $R \cup \{b\} \Rightarrow R$，计算差别矩阵，转到第(4)步。

(7) 输出 R。

4.6.3 实验及分析

为了验证算法的有效性，选择来自于 UCI 的实验数据集进行实验，见表 4 - 1。第一组数据选用 UCI 数据集中的 MONK's Problems 和 Vote，它们是只包含离散数据的数据集；第二组数据选用 UCI 数据集中的 Iris 和 Glass，它们是只包含连续数据的数据集；第三组数据选用 UCI 数据集中的 Breast 和 Cleve，它们是既包含离散数据又包含连续数据的数据集。利用支持向量机分类来测试算法的分类预测能力，首先把数据集中的数据分为训练集和测试集，将测试集分别用经典粗糙集属性约简算法、广义领域属性约简算法和基于 ε 一致性准则属性约简算法进行属性约简，然后分别用原始的训练集和约简后得到的测试集分别进行支持向量机分类（具体原理见 5.3.2 节），最后统计预测精度评价约简算法的优劣性。

表 4 - 1 数据集信息表

数据集	实例数	分类数	条件属性个数		
			总数	离散	连续
MONK's Problems	432	2	7	7	0
Vote	300	2	16	16	0
Iris	150	3	4	0	4
Glass	214	7	9	0	9
Hepati	155	2	19	13	6
Cleve	197	2	13	7	6

实验结果见表 4 – 2。

表 4 – 2　实验结果表

数据集	训练集	测试集	原始数据		约简后数据		约简方法
			条件属性	预测精度	条件属性	预测精度	
MONK's Problems	292	140	7	0.9309	4	0.8056	经典粗糙集
					4	0.7943	基于 ε 一致性
Vote	200	100	16	0.9132	5	0.8960	经典粗糙集
					4	0.8148	基于 ε 一致性
Iris	100	50	4	0.8332	3	0.7910	广义邻域
					3	0.7111	基于 ε 一致性
Glass	154	60	9	0.7258	4	0.7031	广义邻域
					3	0.6884	基于 ε 一致性
Hepati	105	50	19	0.6413	10	0.7883	基于 ε 一致性
Cleve	137	60	13	0.7232	9	0.7652	基于 ε 一致性

从表 4 – 2 中的实验结果可以得到如下结论：

(1)对于只包含有离散数据的数据集(经典粗糙集属性约简算法和基于 ε 一致性准则属性约简算法的实验比较)，本算法可以求出约简属性，不影响预测精度。

(2)对于只包含有连续数据的数据集(广义邻域粗糙集属性约简算法与基于 ε 一致性准则属性约简算法的实验比较)，虽然利用约简后的数据集预测精度与前者约简后的预测精度略显降低，但是约简属性的数量有所减少，这说明该算法在基本不影响预测精度的同时，可以有效地减少数据集的冗余数据，达到了属性约简的目的。

(3)该算法不仅可以对传统的包含离散数据的决策系统进行属性约简，并能更容易地求出最小约简；还能在处理只包含连续数据的决策系统时有效消除决策系统的冗余属性，达到约简的目的；更重要的是对于经典粗糙集理论与广义邻域粗糙集模型都无法解决的既包含离散数据又包含连续数据的混合数据模式的决策系统，也可以有效地进行属性约简。基于 ε 一致性准则的属性约简模型是经典粗糙集属性约简模型的有效扩展模型，使模型更加实用。

4.7 电牵引采煤机知识获取模型

4.7.1 总体技术参数知识获取过程

电牵引采煤机总体技术参数知识表达系统

$$S = (U, A, V, f)$$

式中:U 为产品的非空有限集合;A 为产品属性(如采高、截深、煤质硬度、牵引速度等)的非空有限集合;$V = U_{a \in A} V_a$,V_a 为属性 a 的值域(如供电电压有 1140V 和 3300V 两种);$f: U \times A \rightarrow V$ 为产品的每个属性赋予的一个信息值,$\forall a \in A, x \in U; f(x, a) \in V_a$ 为产品的各属性值,其数据以关系二维表的形式表示。二维表的行是产品的实例,列是产品的属性,一个属性对应一个等价关系。

要获取总体参数设计规则知识,可利用决策表形式表示决策问题。$T = (U, A, C, D)$ 为一个决策表,$A = C \cup D, C \cap D = \varnothing$,其中 C 为条件属性集,D 为决策属性集。

基于粗糙集理论的电牵引采煤机知识获取模型如图 4-2 所示。首先收集原始数据产生训练样本,条件属性为客户的需求属性,决策属性为产品的属性特

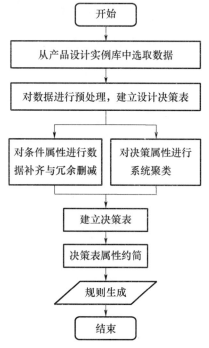

图 4-2 基于粗糙集的电牵引采煤机知识获取流程

征。然后对条件属性和决策属性进行数据预处理,包括对条件属性的冗余信息的删除和对决策属性的系统聚类,接下来决策表的约简包括条件属性简化和决策规则简化。条件属性简化,采用基于ε一致性准则的粗糙集扩展模型的属性约简算法。决策规则简化就是在条件属性简化后的决策表中,去掉样本集中的重复信息,考察剩下的训练集,每条规则中哪些属性值是冗余的,去掉冗余信息和重复信息后,就得到了最小决策表。最后进行规则提取,获取规则知识。

4.7.2 数据选取

电牵引采煤机总体技术参数设计的知识获取可以通过产品样本的信息作为数据样本进行,见表4-3。产品的参数主要包括采高、截深、煤质硬度、煤层倾角、牵引力、牵引速度、牵引形式、操作形式、喷雾方式、冷却方式、可靠性、安全性、截割部功率、牵引部功率、总装机功率、供电电压、滚筒直径、机面高度、设计生产率、整机重量。

表4-3 产品属性说明

属 性	说 明
采高	采煤机最大可能开采高度,通常是一个适应采高范围,例如 1.8~3.5m
截深	采煤机工作机构完全截入煤壁的深度,例如 630mm,800mm
煤质硬度	反映煤岩抵抗外力破碎能力的一个综合指标,通常用普氏系数来量化,例如 $f \leqslant 4$
煤层倾角	一般分为缓倾斜(0°~25°)、倾斜(25°~45°)和急倾斜(45°~90°)三种
牵引力	采煤机克服牵引阻力的能力,通常是一个范围,例如 750~450N
牵引速度	可调速电牵引采煤机的牵引速度有两个区间,例如 0—7.28—12m/min,三个值中较大值为空载牵引
牵引形式	有钢丝绳、锚链式和无链三种牵引机构,本书讨论无链电牵引
操纵方式	包括整机布置分两端及中间三个操纵点的手控操作和遥控操作
调速方式	分为电磁、液压和交流变频等方式
喷雾方式	内、外喷雾
冷却方式	水冷
可靠性	通过大修周期、使用寿命等条件进行可靠性要求
安全性	设备必须具有安全标志证书并且满足国家各项安全标准
截割部功率	截割部功率是选择电动机的依据,占总装机功率的80%以上
牵引部功率	牵引部电动机的功率

（续）

属　性	说　明
装机功率	采煤机总装机功率,一般在 2 倍的截割部功率和牵引功率之和以上取值
供电电压	目前主要有 1140V 和 3300V 两种
滚筒直径	一台采煤机可选用多种不同结构尺寸的滚筒,如 $\phi680mm/\phi850mm/\phi1000mm$
设计生产率	包括理论设计生产率、技术设计生产率和实际生产率
整机重量	整台采煤的重量,是总体技术参数中重要参数之一
…	…

4.7.3　数据预处理

从现实中获得的数据中包含了电牵引采煤机各方面的信息,其中包含噪声数据、冗余数据、缺失数据甚至是不一致数据等多种情况。如果直接利用粗糙集理论与方法进行知识获取严重影响了知识获取的效率和效果那么在进行知识获取前应该首先对数据进行预处理以达到提高获取知识质量的目的。数据预处理是知识发现过程中的重要步骤,提供了必要的前期准备工作,工作量达到了整个知识获取工作量的 60% 以上。数据预处理是对原始数据进行必要的集成、清洗、转换等一系列的处理工作,使数据达到数据挖掘所要求的最低规范和标准。

1. 冗余删减

数据集中存在很多冗余数据,主要包括属性冗余和对象冗余。其中属性冗余包括两种情况:一种情况是在决策过程中有些属性不相关或不重要,例如在电牵引采煤机设计过程中,设计师仅仅基于用户的条件和产品使用条件中少数的几个属性来确定大体上的参数,而个别属性在确定总体技术参数阶段不起主要作用,往往被忽略掉,例如对采煤机安全性、可靠性属性要求是配置要求,在确定主要技术参数阶段可以暂时不予考虑。因此在获取知识之前可以先由领域专家介入删除掉决策明显不相关的属性,初步确定不同决策属性对应的条件属性集。另一个情况是如果某个属性可以由其他属性推演出来,那么这个属性就是冗余属性,应该删除掉该属性。

对象冗余是指两个对象在所有的等价关系即属性及属性组合上的取值完全相等,那么这两个对象是对象冗余,例如在数据库中遇到相同条件属性和决策属性的重复元组要进行删除;还有一些条件属性相同而决策属性不同的不一致的数据信息也要进行删除。

2. 数据补齐

传统粗糙集理论的前提是所有获得的个体对象都已给出完全描述。但是现实情况中,获取的资料可能来自于多种渠道,表现为多种形式,部分属性值描述不完全的情况经常存在,对于这种情况,就要对信息表中缺失的数据进行补齐。

数据补齐处理方法有:①忽略元组,直接将遗漏信息属性值的记录删除,得到一个完备的信息表。这种方法仅适用于数据量非常大的情况,即删除掉信息不完备的实例后不影响原信息表信息的数据量和完整性。②根据遗漏的属性在其他实例中的平均值或出现频率最高的值来补齐该属性值。这种方法适用于缺失量较少的情况,如果缺失量较多补齐代价将会很大。③在决策相同的实例中用现有的数据推测缺失值,最大程度地保持了属性的联系,避免了人为引起的冲突信息,并且大大减少了计算代价。因为本书涉及的遗漏数据量不大,采用第三种方法进行数据补齐。

3. 对语义属性的转换

对于语义描述的属性,利用4.3.3节模糊集理论中的三角隶属度函数对属性进行模糊化,同时为了消除各种量纲之间的差异,利用极差标准化公式进行统一标准化。

$$C'_{a_{ij}} = \left[C_{a_{ij}} - \min_{i=1\sim n}(C_{a_{ij}}) \right] / \left[\max_{i=1\sim n}(C_{a_{ij}}) - \min_{i=1\sim n}(C_{a_{ij}}) \right], j = 1,2,\cdots,n$$

$$(4-24)$$

式中:$C_{a_{ij}}$为实例C_a的属性a_j的属性值;$C'_{a_{ij}}$为标准化后的值;$\max_{i=1\sim n}(C_{a_{ij}})$为属性$a_j$在所有实例中的最大值;$\min_{i=1\sim n}(C_{a_{ij}})$为属性$a_j$在所有实例中的最小值。

4.7.4　属性约简和规则生成

经过预处理后的电牵引采煤机总体技术参数属性中,截深、倾角、煤层硬度、供电电压属性为离散值属性,其余采高、牵引力、牵引速度等属性为连续值属性。对于具有混合数据类型的属性,利用ε一致性准则的属性约简模型进行属性约简,并计算出各个属性的重要度,化简后的决策表形成了一系列规则,根据规则的可信度进行规则提取。

4.8　实例分析

收集太原矿山机器集团有限公司、鸡西煤矿机械有限公司、辽源煤矿机械制造有限责任公司等企业电牵引采煤机的总体设计技术参数共432个样本进行分析,其中随机抽取282个样本作为训练样本,其余150个样本作为测试样本。采煤机概念设计的属性决策表见表4-4。

表4-4 电牵引采煤机概念设计属性决策表

| | 客户需求属性 | | | | | | | | | | | 产品决策属性 | | | | |
	C_1	C_2	C_3	C_4	C_5	C_6	C_7	C_8	C_9	C_{10}	C_{11}	D_1	D_2	D_3	D_4	D_5
1	2.0	0.630	20°	0-7.0-11.6	550-320	较软	高	水冷	中部两端、遥控	销轨	电磁	200	40	500	1.4	30
2	3.1	0.650	12°	0-7.0-11.6	580-350	软	中	水冷	中部、遥控	销轨	液压	250	30	600	1.6	35
⋮	⋮	⋮	⋮	⋮	⋮	⋮	⋮	⋮	⋮	⋮	⋮	⋮	⋮	⋮	⋮	⋮
101	3.5	0.800	16°	0-9.0-15.0	500-300	中等	中	水冷	中部、遥控	链式	交流变频	400	55	900	1.8	52
102	4.5	0.800	18°	0-7.7-12.8	750-450	较硬	中	水冷	中部两端、遥控	销轨、销轨	交流变频	500	60	1200	1.8	75
⋮	⋮	⋮	⋮	⋮	⋮	⋮	⋮	⋮	⋮	⋮	⋮	⋮	⋮	⋮	⋮	⋮
231	5.5	0.850	25°	0-9.7-23.0	726-305	硬	高	水冷	中部两端、遥控	销轨、销轨	交流变频	650	110	1600	2.2	91
232	6.2	0.865	35°	0-10.4-12.8	726-305	硬	高	水冷	中部两端、遥控	链式、销轨	交流变频	1000	120	2500	3.0	130

条件属性如下:采高 C_1、截深 C_2、煤层倾角 C_3、牵引速度 C_4、牵引力 C_5、煤质硬度 C_6、可靠性 C_7、喷雾方式 C_8、操作方式 C_9、行走方式 C_{10}、调速方式 C_{11}。决策属性如下:截割功率 D_1、牵引功率 D_2、装机总功率 D_3、滚筒直径 D_4、整机重量 D_5。

步骤 1:确定各语义描述的量化数据,利用模糊集理论中的三角模糊数对条件属性的模糊语义进行语义预处理。

步骤 2:利用基于 ε 一致性准则的粗糙集扩展模型对条件属性进行属性约简,得到最小约简属性集 $\{C_1, C_2, C_3, C_4, C_5, C_6\}$。结果显示:采高 C_1、截深 C_2、煤层倾角 C_3、牵引速度 C_4、牵引力 C_5、煤质硬度 C_6 是最小约简属性。

步骤 3:根据式(4-23)计算属性对于决策属性的重要度,条件属性的重要度见表 4-5,假设阈值 $\delta = 0.1$,由计算结果可知,各属性的权重分别为 0.249、0.178、0.145、0.110、0.141、0.177。

表 4-5 各属性的重要度

C_i	C_1	C_2	C_3	C_4	C_5	C_6	C_7	C_8	C_9	C_{10}	C_{11}
ω_i	0.232	0.166	0.135	0.102	0.131	0.165	0.011	0.038	0.008	0.005	0.007

步骤 4:得出条件属性与决策属性规则表(表 4-6),去掉冗余规则 3 后,得到了与实际设计过程中的经验相吻合的四条规则。

表 4-6 条件属性与决策属性规则表

编号	规则	决策属性	支持度	规则选取
1	C_1 AND C_2 AND $C_6 \Rightarrow D_1$	截割功率	0.90	√
2	C_1 AND C_2 AND $C_3 \Rightarrow D_2$	牵引功率	0.85	√
3	C_1 AND C_2 AND C_3 AND $C_6 \Rightarrow D_3$	装机总功率	0.93	√
4	$C_1 \Rightarrow D_4$	滚筒直径	0.97	√
5	C_1 AND C_2 AND $C_5 \Rightarrow D_5$	整机重量	0.98	√

规则 1:电牵引采煤机的截割功率主要是由采高、截深和煤质硬度确定。

规则 2:电牵引采煤机的牵引功率主要是由采高、截深和倾角确定。

规则 3:电牵引采煤机的滚筒直径主要是由采高决定。

规则 4:电牵引采煤机的整机重量主要是和采高、截深、牵引力有关系。

以上通过基于 ε 一致性准则的粗糙集扩展模型获得的规则知识为下一步知识推理奠定了科学的理论基础,根据这些规则可以继续寻找每条规则中若干个条件属性和某个决策属性之间的关系。

4.9 小 结

本章在分析了经典粗糙集属性约简、广义邻域属性约简模型的基础上,提出了基于 ε 一致性准则的粗糙集扩展模型的采煤机知识获取方法,主要工作和结论如下:

(1)分析了采用粗糙集理论进行知识获取的方法,包括粗糙集理论思想、基本概念和与模糊集的关系,给出了基于粗糙集的知识获取具体过程,包括数据选取、数据预处理、属性约简以及规则生成等步骤。

(2)对基于经典粗糙集的属性约简问题进行分析,由于其仅能处理离散属性的局限性,对目前关于连续属性离散化的研究成果进行研究,在离散化结果效果仍不理想的情况下,对基于广义邻域的粗糙集属性约简模型进行了研究。

(3)针对广义邻域粗糙集模型的弊端,采用基于 ε 一致性准则的属性约简模型,该模型不需要对连续属性进行离散化处理,采用一致性对象保持策略获取属性约简,不仅有效扩展了经典粗糙集属性约简模型,还避免了计算各对象邻域的问题,提高了属性约简的效率和准确率。

(4)利用 UCI 数据集进行实验对基于经典粗糙集、基于广义邻域粗糙集和基于 ε 一致性准则的粗糙集扩展模型进行了算法优劣性实验分析,验证了算法的有效性。

(5)结合电牵引采煤机概念设计中的总体参数确定过程,基于电牵引采煤机总体参数数据样本构造了电牵引采煤机知识获取模型,采用基于 ε 一致性准则的粗糙集扩展模型对电牵引采煤机总体参数决策表进行了属性约简和规则提取,一方面获取了存在于电牵引采煤机实例中的隐形规则,另一方面为后续的知识推理所用到条件属性与决策属性之间的关系提供了理论依据,奠定了良好的知识推理基础。通过工程实例验证了该模型获取的经验规则具有较高的可信度。

第5章

基于知识融合推理模型的电牵引采煤机 概念设计推理

5.1 引 言

产品的概念设计阶段是产品设计过程中的关键环节。面临新设计任务时，设计专家总是要与以前相类似的成熟方案相比较,凭借直觉和经验,以生产的经验数据为设计依据,运用一些基本的设计计算理论,借助类比、模拟和试凑等设计方法来进行设计,这是经验丰富的设计专家常用的设计思路,这种方法不仅效率低,而且由于在设计参数的修改上没有科学合理的模型,使得这种修改比较盲目。传统概念设计的方法逐渐暴露出缺乏智能化的知识推理和缺乏现代设计方法学支持的弊端。如何更好地利用实例,采用高效的推理技术对参数的关系进行建模是电牵引采煤机概念设计研究中的关键问题。目前将推理技术应用于概念设计阶段是概念设计智能化与自动化研究的主要方向之一,所谓推理技术是基于产品信息模型,依据相关知识,根据一个或一些前提、判断,按一定的推理策略得出另一个或一些判断,并最终求得结果的思维过程。其中基于实例的推理正是符合人们认知心理的类比推理过程,在产品概念设计中得到了广泛应用,但主要存在模型较为粗糙,缺乏理论依据等问题,总结如下:

第一,实例的检索较多采用近邻算法,该算法虽然是一个理论上比较成熟的方法,但存在属性权重的确定缺少理论依据以及计算量大等缺点,故未能较好解决。

第二,CBR 得出的相似实例均是已设计好的成功实例,而对于没有找到相似实例的设计要求未能进行创新设计,这是基于 CBR 推理的产品概念设计的瓶颈。

第三,研究大都侧重于理论方法的研究,未能进入工程应用阶段,提供良好的人机交互界面,真正实现概念设计的自动化。

第四,虽然基于 CBR 的概念设计已被广泛用于汽车、模具、轴承设计等领域,但是迄今为止,仍未应用于采煤机设计领域。

本书提出基于近邻算法和支持向量机回归理论的 RCCRM(Reasoning Combining CBR,RBR and MBR)基于实例、规则和模型的融合推理模式,并将其应用于采煤机概念设计阶段,发挥三个理论在实例搜索、回归、可靠性方面的优势,完善了推理机制,提高了设计客观性和效率,一定程度上实现了电牵引采煤机概念设计的自动化与智能化。

5.2 基于实例的知识推理

5.2.1 常见的实例检索方法

实例推理中实例的检索决定着 CBR 系统推理效率,因此实例检索是最终解决方案优劣的关键技术之一。最常见的检索方法有模板法、归纳法、知识引导法和最近邻(Nearest Neighbor,NN)法[131]。

1. 模板法

模板法是根据系统或用户提供的具有特定性质的模板或模式进行检索,类似于采用关系数据库的结构化 SQL 查询,它返回所有满足参数条件的实例,该方法可以将检索范围缩小至较小范围的实例库,该方法实现功能不全面,常用于其他技术之前。

2. 归纳法

归纳法通过对各实例的分析、归纳确定出具有良好判断能力的特征作为索引特征,并生成决策树类型的结构,对实例库进行组织。这一结构通常采用从抽象到具体的层次结构。归纳法的优点在于能自动客观严格地分析实例,确定最具有预测性的索引特征,但是其缺点是为了完成归纳,系统索引特征的获取需要大量的时间,极易生成"不相关"索引,有时因为偶然性事件易被归纳甚至生成错误索引。

3. 知识引导法

知识引导法是利用领域知识产生一套规则进行索引控制,使实例的组织和检索具有一定的动态性。但是对于领域知识范围较广的系统建设而言,建立完备的基于知识的检索是比较困难的。

4. 最近邻算法

最近邻算法是从实例库中检索出与目标实例"距离"最近的实例。这种方法实现简单,是一个理论上比较成熟的方法,也是最简单的机器学习算法之一,在现在的 CBR 系统中广泛应用。

基于 NN 算法的 CBR 推理的基本思想是：给定一个查询实例，在实例库中根据度量标准找出与它距离最近的实例。NN 算法中，实例间近邻度的传统计算方法大都采用欧氏度量法。方法描述：给定实例 c，其特征向量表示为 $(c_1,$ $c_2, \cdots, c_r, \cdots, c_n)^T$，其中 c_r 表示实例 c 的第 r 个属性值，那么两个实例 c_i 和 c_j 间的标准欧氏距离 $d(c_i, c_j)$ 定义为

$$d(c_i, c_j) = (c_i - c_j)^T(c_i - c_j) = \sqrt{\sum_1^n (C_{ir} - C_{jr})^2} \qquad (5-1)$$

5.2.2　改进的近邻算法

NN 算法的优点很明显[132]：

（1）无须知道显式的规则，也无须知道属性值的分布状况，就可以得到检索结果；

（2）当给定足够大的训练集合时，或对于海量的数据库，该算法仍然非常有效；

（3）构建方法简单，易于实现。

但同时 NN 算法也存在以下不足：

（1）传统的 NN 方法本质上赋予每个属性的权重是相等的，这样，近邻间的距离会被大量的不相关属性所支配，造成准确率受到极大的影响；

（2）另一个不足之处是计算量较大，因为对每一个实例的属性都要计算它到已知样本的距离，才能求得最相邻实例，从而导致存储开销大、求解速度慢。

由以上分析看出，对 NN 算法的改进方法主要从两个方面入手：

（1）距离计算的改进。

NN 距离计算时传统的方法采用的欧式度量法本质上赋予每个属性的权重是相等的，这样，近邻间的距离会被大量的不相关属性所支配，造成准确率受到极大的影响。为此，可以引入属性权重的方法，区分开哪些属性是强相关，哪些属性是弱相关或不相关，如何得到各属性的权重值是研究的关键问题。实例 c_i，c_j 之间的整体相似度应表示为

$$\text{Sim}(c_i, c_j) = \frac{\sum_{r=1}^n w_i \text{Sim}(c_{ir}, c_{jr})}{\sum_{r=1}^n w_i} \qquad (5-2)$$

对于不同的特征属性赋予不同的权值，w_i 为不同特征属性的权重，显然权重

确定的方法是关键。

（2）降低计算复杂度。

如果训练样本数目很大,这些样本数据中包含了大量的冗余数据,势必会增加存储开销和计算代价,分类效率也会大大降低。因此,如何降低计算复杂度提高算法的执行效率显得尤为必要。

本书对 NN 分类算法进行改进,通过第四章采用基于 ε 一致性准则的粗糙集扩展模型的属性约简和权值确定,区分了属性的重要程度,达到了降维的效果,减少了计算量,较好地解决了上述两个问题。

基于实例推理的总体参数确定算法描述如下:

输入:设计要求 $C = (c_1, c_2, c_3, c_4, c_5, c_6)$。

输出:相似实例或无相似实例的提示。

① 依据第四章得到的条件属性重要度(表 4 - 5)设定实例的每个属性特征 f_i 的权重因子 $u_i, i = 1, 2, \cdots, n$(条件属性的个数);

② 从实例库中获取每一个实例的属性特征;

③ 设计要求的每一个特征 c_i 分别以实例的对应特征 f_i 相比较的匹配,确定每个特征的相似度 S_i;

④ 求解实例的整体相似度 S;

⑤ 重复步骤③、④,直到求出与每个实例的整体相似度;

⑥ 比较所有实例的相似度大小,提取实例相似度的最大值,设定一阈值,若最大值大于该阈值,则这个实例可以作为合适方案,若小于该阈值则无相似实例,必须进一步进行模型推理。

5.3 基于模型的知识推理

5.3.1 机器学习理论

根据给定的训练样本,机器学习的目的是求出对某系统输入输出之间依赖关系的估计,使它能够对未知输出尽可能准确的预测。假设变量 y 与 x 存在一定的未知依赖关系,即遵循某一未知的联合概率 $F(x, y)$,机器学习问题就是根据 l 个独立同分布观测样本

$$(x_1, y_1), (x_2, y_2), \cdots, (x_l, y_l) \tag{5-3}$$

在一组 $\{f(x, w)\}$ 中求一个最优的函数 $f(x, w_0)$,对依赖关系进行评估,使期望风险

$$R(w) = \int L(y, f(x, w)) \mathrm{d}F(x, y) \tag{5-4}$$

最小,其中 $\{f(x,w)\}$ 称作预测函数集,w 为广义参数;$L(y,f(x,w))$ 为损失函数,不同类型的学习问题有不同形式的损失函数。

机器学习的类型主要有三大类:模式识别、函数逼近和概率密度估计[133]。

对模式识别问题,输出 y 是类标签;两类情况下 $y \in \{-1,1\}$,其预测函数也称作指示函数,其损失函数可以定义为

$$L(y,f(x,w)) = \begin{cases} 0, y = f(x,w) \\ 1, y \neq f(x,w) \end{cases} \qquad (5-5)$$

在函数逼近问题中,y 是连续变量,采用最小平方误差准则,损失函数可定义为

$$L(y,f(x,w)) = (y,f(x,w))^2 \qquad (5-6)$$

而对概率密度估计问题,学习的目的是根据训练样本确定 x 的概率密度,记估计的密度函数为 $p(x,w)$,则损失函数可以定义为

$$L(p(x,w)) = -\ln p(x,w) \qquad (5-7)$$

学习的目的在于使期望风险最小化,但由于可以利用的信息只有样本数据,因此式(5-4)的期望风险无法计算。传统学习方法采用经验风险最小化(Empirical Risk Minimization,ERM)准则,即用经验风险作为对式(5-3)的估计。经验风险

$$R_{emp}(w) = \frac{1}{n}\sum_{i=1}^{n} L(y_i,f(x_i,w)) \qquad (5-8)$$

对损失函数(5-5),经验风险就是训练样本错误率;对式(5-6)的损失函数,经验风险就是平方训练误差;而采用式(5-7),ERM 准则就等价于最大似然方法。

最小化经验风险在多年的机器学习方法研究中占据了主要地位。但 ERM 准则代替期望风险最小化没有经过充分的理论论证,只是直观上合理的"想当然"做法。最典型的例子就是神经网路的"过学习"问题,训练误差小,并不总能导致好的预测效果。因此,需要一种能够指导在小样本情况下建立有效的学习和推广方法的理论,即统计学习理论。

统计学习理论就是研究小样本统计估计和预测的理论,其中最具指导性的理论结果是推广界,与此相关的一个核心概念是 VC 维(Vapnik – Chervonenkis)。

对于一个指示函数集,如果存在 h 个样本能够被函数集中的函数按所有可能的 $2h$ 种形式分开,则称函数集能够把 h 个样本打散;函数集的 VC 维就是它能打散的最大样本数目 h。若对任意数目的样本都有函数能将它们打散,则函数集的 VC 维是无穷大。有界实函数的 VC 维可以通过用一定的阈值将它转化成指示函数来定义。

VC 维反映了函数集的学习能力，VC 维越大，学习机器就越复杂。对于两类问题，经验风险和实际风险之间以至少 $1-\eta$ 的概率满足如下关系：

$$R(w) \leqslant R_{\mathrm{emp}}(w) + \sqrt{\frac{h(\ln(2l/h)+1) - \ln(\eta/4)}{l}} \qquad (5-9)$$

式中：h 为函数集的 VC 维；l 为样本数。该式表明学习机器的实际风险是由两部分组成：经验风险（训练误差）和置信范围，置信范围和学习机器的 VC 维和样本数 l 有关，可以简单地表示为

$$R(w) \leqslant R_{\mathrm{emp}}(w) + \varphi(l/h) \qquad (5-10)$$

式（5-10）表明，在有限样本条件下，学习机器的 VC 维越高，置信范围就越大，导致风险和经验风险之间可能的差别越大。机器学习过程不但使经验风险最小，还要尽量缩小置信范围，才能取得较小的实际风险。

5.3.2 支持向量机基本原理

支持向量机（Support Vector Machine，SVM）是由 Vapnik 与其领导的贝尔实验室的研究小组一起开发出来的一种新的机器学习技术，由于其出色的学习能力，已成为当前国际机器学习界的研究热点。与 BP 神经网络不同的是它的理论基础是基于结构风险最小化原则，以构造最优超平面为目标的机器学习方法，将可分的数据集映射到高维的特征空间中，使样本在高维空间中得到正确区分，具有较强的容错和抗干扰能力，可解决神经网络泛化能力差、训练结果不稳定等问题[134]。

支持向量机是从线性可分情况下的最优分类面发展而来的，其基本思想如图 5-1 所示，方框点和圆点代表两类样本，中间的粗实线为分类线，其附近的两虚线分别为过各类中离分类线最近的样本且平行于分类线的直线，它们之间的距离就是分类间隔。所谓最优分类线就是要求分类线不但能将两类正确分开，

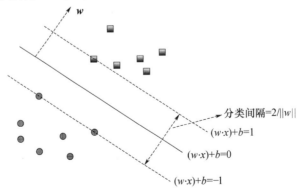

图 5-1　两类线性划分的最优超平面

即训练错误率为 0,而且使分类间隔最大。对分类线 $(w \cdot x) + b = 0$ 进行标准化处理,使得对线性可分的样本集 S,满足不等式

$$y_i((w \cdot x_i) + b) \geq 1 \quad i = 1, 2, \cdots, l \qquad (5-11)$$

此时分类间隔等于 $2/\|w\|$,这时最优分类面就是训练样本正确可分,且使 $\|w\|/2$ 最小的分类面,位于两虚线上的训练样本点就称为支持向量。使分类间隔最大实际上是对推广能力的控制,这是 SVM 的核心思想之一。

1. 线性支持向量机

在线性可分条件下构建最优超平面,转化为二次规划问题:

$$\begin{cases} \min \varphi(w) = \dfrac{1}{2}(w \cdot w) \\ \text{s. t.} \ \ y_i((w \cdot x_i) + b) \geq 1 \quad i = 1, 2 \cdots, l \end{cases} \qquad (5-12)$$

实际应用中,大多数情况并不能满足线性可分性,这时可以在条件中增加一个松弛项 ξ_i 来构造"软间隔"线性支持向量机模型,将约束放宽为

$$y_i((w \cdot x_i) + b) \geq 1 - \xi_i \qquad \xi_i \geq 0, i = 1, 2 \cdots, l \qquad (5-13)$$

此时目标函数变为

$$\varphi(w, \xi) = \frac{1}{2}(w \cdot w) + C \sum_{i=1}^{l} \xi_i \qquad (5-14)$$

式中:C 为可调参数,表示对错误的惩罚程度,C 越大惩罚越重。其最优解为 Lagrange 函数的鞍点:

$$L(w, b, \alpha) = \frac{1}{2}(w \cdot w) + C \sum_{i=1}^{l} \xi_i - \sum_{i=1}^{l} \alpha_i \{ y_i(w \cdot x_i + b) + \xi_i - 1 \} - \sum_{i=1}^{l} \beta_i \xi_i$$

$$(5-15)$$

根据 KKT 定理,最优解满足:

$$\begin{cases} \dfrac{\partial x}{\partial \xi_i} = C - \alpha_i - \beta_i = 0 \\ \alpha_i(y_i(w \cdot x_i + b) + \xi_i - 1) = 0, \forall i \\ \alpha_i, \beta_i, \xi_i \geq 0, \forall i \\ \beta_i \cdot \xi_i = 0, \forall i \end{cases} \qquad (5-16)$$

构建最优超平面的问题就转化为一个较简单的对偶二次规划问题:

$$\begin{cases} \max L(\alpha) = \sum_{j=1}^{l} \alpha_i - \dfrac{1}{2} \sum_{i=1}^{l} \sum_{j=1}^{l} y_i y_j \alpha_i \alpha_j \\ \text{s. t.} \ \sum_{i=1}^{l} \alpha_i y_i = 0, \alpha_i \geq 0, i = 1, 2 \cdots, l \end{cases} \qquad (5-17)$$

2. 非线性支持向量机

非线性 SVM 问题的基本思路是:通过非线性变换将输入变量 x 转化为某个

高维空间中,然后在变换空间求最优分类面。首先通过非线性映射 $\phi: \Re^n \to H$,将输入变量映射到高维 Hilbert 空间 H 中,定义 $K(x, y) = \phi(x) \cdot \phi(y)$,则非线性支持向量机的目标函数为

$$W(a) = \sum_{j=1}^{l} \alpha_i - \frac{1}{2} \sum_{i=1}^{l} \sum_{j=1}^{l} y_i y_j \alpha_i \alpha_j K(x_i \cdot x_j) \qquad (5-18)$$

相应的分类函数为

$$f(x) = \text{sgn}[w \cdot \varphi(x) + b] = \text{sgn}\left[\sum_{i=1}^{l} y_i \alpha_i K(x_i \cdot x) + b\right] \qquad (5-19)$$

同样,非线性支持向量机就是以下最优化问题:

$$\begin{cases} \min\varphi(w) = \frac{1}{2}(w \cdot w) + C \sum_{i=1}^{l} \xi_i \\ \text{s. t. } y_i((w \cdot x_i) + b) \geqslant 1 - \xi_i \quad \xi_i \geqslant 0, i = 1, 2\cdots, l \end{cases} \qquad (5-20)$$

其对偶问题为

$$\begin{cases} \max L(\alpha) = \sum_{j=1}^{l} \alpha_i - \frac{1}{2} \sum_{i=1}^{l} \sum_{j=1}^{l} y_i y_j \alpha_i \alpha_j K(x_i, x_j) \\ \text{s. t. } 0 \leqslant \alpha_i \, C, \sum_{j=1} y_i \alpha_i = 0, i = 1, 2\cdots, l \end{cases} \qquad (5-21)$$

5.3.3 支持向量机回归原理与算法

1. 支持向量机回归原理

支持向量机最初用来解决模式识别的问题,近年来支持向量机在回归问题方面也表现出极好的性能。支持向量机回归[135] (Support Vector Regression, SVR)问题就是希望找到适当的实值函数 $f(x) = w \cdot \phi(x_i) + b$ 来拟合训练点,使得

$$[f] = \int c(x, y, f) \mathrm{d}P(x, y) \qquad (5-22)$$

最小,其中 c 为损失函数。

观测值 y 与函数预测值 $f(x)$ 之间的误差用 ε - 不敏感函数度量,

$$|y_i - f(x_i, x)|_\varepsilon = \max\{0, |y_i - f(x_i)| - \varepsilon\} \qquad (5-23)$$

即当 x 点的观测值 y 与预测值 $f(x)$ 之间的误差不超过事先给定的小正数 ε 时,认为该函数对这些样本点的拟合是无差错的。在图 5 - 1 中,当样本点位于两条虚线之间的带子里时,我们认为在该点没有损失,称两条虚线构成的带子为 ε - 带。在图 5 - 2 中的 $(\bar{x}, \bar{y})$ 上的损失对应于图 5 - 3 所示的 ξ 值,即 $\xi = \bar{y} - f(\bar{x}) - \varepsilon$。

92

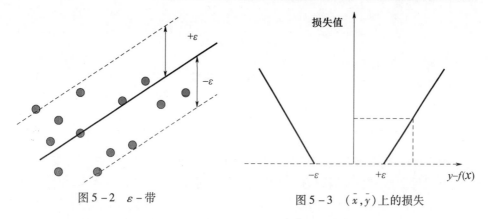

图 5 - 2 　ε - 带　　　　　　　图 5 - 3 　$(\bar{x}, \bar{y})$ 上的损失

模式识别中,如果样本 x 被正确划分并且在间隔以外时,该样本点不提供任何损失值。相应地,回归估计中也应该存在不为目标函数提供任何损失的区域,即 ε - 带。因此在回归分析中,选择 ε - 带是合理的。

由于 $P(x, y)$ 未知,不能直接最小化 $R[f]$,因此考虑最小化

$$\mathrm{EE}(w) = \frac{1}{2}(w \cdot w) + C \cdot \frac{1}{i} \sum_{i=1}^{l} | y_i - f(x_i) |_{\varepsilon} \qquad (5 - 24)$$

其中,$| y_i - f(x_i) |_{\varepsilon} = \max \{0, | y_i - f(x_i) | - \varepsilon\}$ 为 ε - 不敏感损失函数。式(5 - 19)中 $(w \cdot w)$ 表示函数 $f(x)$ 的复杂性,后一项表示训练集上的平均损失。常数 C 表示函数类的复杂性和训练集上的平均损失之间的折中关系。

最小化式(5 - 19)等价于最优化问题

$$\begin{cases} \min_{w, \xi_i, \xi_i^*, b} \dfrac{1}{2}(w \cdot w) + C \cdot \dfrac{1}{l} \sum_{i=1}^{l} (\xi_i + \xi_i^*) \\ \mathrm{s.\,t.}\ \ (w \cdot \varphi(x_i) + b) - y_i \leqslant \varepsilon + \xi_i \\ y_i - (w \cdot \varphi(x_i) + b) \leqslant \varepsilon + \xi_i^* \\ \xi_i, \xi_i^* \geqslant 0 \end{cases} \qquad (5 - 25)$$

式(5 - 25)的对偶形式为

$$\begin{cases} \max_{\alpha, \alpha^*} \sum_{i=1}^{l} [\alpha_i^* (y_i - \varepsilon) - \alpha_i (y_i + \varepsilon)] - \dfrac{1}{2} \sum_{i=1}^{l} \sum_{j=1}^{l} (\alpha_i - \alpha_i^*)(\alpha_j - \alpha_j^*) K(x_i, x_j) \\ \mathrm{s.\,t.}\ \ \sum_{i=1}^{l} (\alpha_i - \alpha_i^*) = 0 \quad 0 \leqslant \alpha_i, \alpha_i^* \leqslant \dfrac{C}{l} \quad i = 1, 2 \cdots, l \end{cases}$$

$$(5 - 26)$$

式中:$K(x_i, x_j) = \varphi(x_i) \cdot \varphi(x_j)$ 为核函数。

式(5 - 26)的解为 $(\bar{\alpha}, \bar{\alpha}^*)$,从而

$$f(x) = w \cdot \varphi(x) + b = \sum_{i=1}^{l} (\bar{\alpha} - \bar{\alpha}^*) K(x_i \cdot x) + \bar{b} \qquad (5-27)$$

计算 $\bar{b}$ 的公式为

$$\bar{b} = y_i - \sum_j (\bar{\alpha} - \bar{\alpha}^*) K(x_i \cdot x_j) - \varepsilon \quad \alpha_i \in \left(0, \frac{c}{l}\right) \qquad (5-28)$$

$$\bar{b} = y_i - \sum_j (\bar{\alpha} - \bar{\alpha}^*) K(x_i \cdot x_j) + \varepsilon \quad \alpha_i \in \left(0, \frac{c}{l}\right) \qquad (5-29)$$

由于 SVR 是基于结构风险最小化,而不是传统意义上的经验风险最小化,因此可以保证良好的预测能力。最小二乘回归是 ε – SVR 的一种特殊情况。

在支持向量机回归中,涉及的内积和映射函数都会影响回归应用,为此,引入核函数来简化回归逼近。选择不同的核函数可以生产不同的支持向量机,常用的有三种:

(1)多项式核:$K(x,y) = [s(x,y) + c]^d$。

(2)高斯(径向基函数或 RBF)核:$K(x,y) = \exp\{-\gamma | x-y |^2\}$。

(3)二层神经网络核:$K(x,y) = \tanh[s(x,y) + c]$。

2. 支持向量机回归算法——LS – SVM 算法

由于支持向量机坚实的理论和在很多领域表现出的良好的推广能力,关于 SVM 算法的改进和算法的实际应用是目前主要的研究热点。Suykens 提出了最小二乘法支持向量机(LS – SVM)[136],主要是根据优化问题的目标函数的不同,从而推出一系列不同的等式约束。这种算法是由标准 SVM 演变而来的一种算法,根据共轭梯度理论用解线性等式来代替标准 SVM 的二次规划问题,采用最小二乘线性系统作为损失函数,将不等式约束改为等式约束,提高了收敛速度,降低了复杂性,应用于非线性函数估计中取得了较好的效果。下面对该算法进行详细描述。

LS – SVM 的函数估计问题可描述其目标函数如下:

$$\begin{cases} \min J_{LS}(w,\xi) = \dfrac{1}{2}(w \cdot w) + C \sum_{i=1}^{N} \xi_i^2 \\ \text{s. t. } y_i(w \cdot \varphi(x_i) + b) = 1 - \xi_i \quad i = 1,2,\cdots,N \end{cases} \qquad (5-30)$$

得到 Lagrange 函数为

$$L = \frac{1}{2}(w \cdot w) + C \sum_{i=1}^{N} \xi_i^2 - \sum_{i=1}^{N} \alpha_i(w \cdot \varphi(x_i) + b + \xi_i - y_i)$$

$$(5-31)$$

根据 KTT 最优条件:

$$\begin{cases} \dfrac{\partial L}{\partial w} = 0 \Rightarrow w = \sum_{i=1}^{N} \alpha_i \varphi(x_i) \\[2mm] \dfrac{\partial L}{\partial b} = 0 \Rightarrow \sum_{i=1}^{N} \alpha_i = 0 \\[2mm] \dfrac{\partial L}{\partial \xi_i} = 0 \Rightarrow \alpha_i = C\xi_i \\[2mm] \dfrac{\partial L}{\partial \alpha_i} = 0 \Rightarrow w \cdot \varphi(x_i) + b + \xi_i - y_i = 0 \end{cases} \qquad (5-32)$$

将 w、ξ_i 代入式(5-31),得到如下线性问题:

$$\begin{bmatrix} 0 & \mathbf{1}^{\mathrm{T}} \\ 1 & K + \dfrac{1}{c}E \end{bmatrix} \begin{bmatrix} b \\ \alpha \end{bmatrix} = \begin{bmatrix} 0 \\ Y \end{bmatrix} \qquad (5-33)$$

式中:$\mathbf{1}^{\mathrm{T}} = [1,1,\cdots,1]^{\mathrm{T}}$,$E$ 为 $n \times n$ 单位矩阵;$K = K(x_i,x_j) = \varphi(x_i) \cdot \varphi(x_j)$ 为核函数。

解方程组(5-33),得到最小二乘支持向量机的回归函数为

$$y = f(x) = \sum_{i=1}^{N} \alpha_i (\varphi(x_i) \cdot \varphi(x)) + b \qquad (5-34)$$

5.3.4　LS-SVM 模型中的参数优化

在 SVM 中有许多参数需要事先给定,比如惩罚系数 C、核函数参数 σ 等。核函数的形式以及涉及参数的确定将直接影响分类与回归的效果和复杂程度。常用的方法有最小化留一法错误率,但是该过程需要的训练量很大。LS-SVM 模型中如何寻找最佳正规化参数 C 和核函数参数 σ 的问题关系到支持向量机的收敛速度和实现难易程度。为了能够得到最佳的调整参数,本书采用粒子群参数优化(Particle Swarm Optimization,PSO)算法[137]利用 PSO 的全局搜索能力对模型参数进行优化,避免了人为选择参数的盲目性,提高了预测模型的训练速度和泛化能力。

粒子群优化是通过模拟鸟群觅食行为而发展起来的一种基于群体协作的随机搜索算法。基本 PSO 的算法如下:PSO 初始化为一群随机粒子(随机解),然后通过迭代找到最优解,在每一次迭代中,粒子通过跟踪两个"极值"来更新自己。第一个就是粒子本身所找到的最优解个体极值 P_{best},另一个是整个种群目前找到的最优解全局极值 P_{gbest}。其中第 i 个粒子的位置和速度分别表示为 $X_i = (x_{i1},x_{i2},\cdots,x_{id})$ 和 $v_i = (v_{i1},v_{i2},\cdots,v_{id})$。每个粒子的自身最优值表示为 $P_{\mathrm{best}} = (p_{i1},p_{i2},\cdots,p_{id})$,全局最优值表示为 $P_{\mathrm{gbest}} = (p_{g1},p_{g2},\cdots,p_{gd})$,$P_{g(t)}$ 为全局最好位置:

$$P_{g(t)} \in (P_0(t), P_1(t), \cdots, P_s(t)) | f(P_g(t))$$
$$= \min(f(P_0(t)), f(P_1(t)), \cdots, f(P_s(t))) \qquad (5-35)$$

在找到这两个最优值时，粒子根据如下的公式来更新自己的速度和新的位置。每个粒子的速度和位置更新为

$$\nu_{ij}(t+1) = \nu_{ij}(t) + c_1 r_1 [p_{ij} - x_{ij}(t)] + c_2 r_2 [p_{gj} - x_{ij}(t)] \qquad (5-36)$$

$$x_{ij}(t+1) = x_{ij}(t) + \nu_{ij}(t+1) \quad j = 1, 2, \cdots, d \qquad (5-37)$$

式中：c_1、c_2 为加速常数。c_1 反映了粒子飞行过程中所记忆的最好位置对粒子飞行速度的影响，称为"认知系数"，c_2 反映了整个粒子群所记忆的位置对粒子飞行速度的影响，称为"社会学习系数"。r_1、r_2 是 $[0,1]$ 区间内的随机数。

目前经典的 PSO 参数集模型如下：

$$\nu_{id} = \begin{cases} K[\nu_{id} + c_1 r_1 (p_{id} - x_{id}) + c_2 r_1 (p_{gd} - x_{id})] & x_{min} < x_{id} < x_{max} \\ 0 & 其他 \end{cases} \qquad (5-38)$$

$$x_{id} = \begin{cases} x_{id} + \nu_{id} & x_{min} < (x_{id} + \nu_{id}) < x_{max} \\ x_{max} & (x_{id} + \nu_{id}) > x_{max} \\ x_{min} & (x_{id} + \nu_{id}) < x_{min} \end{cases} \qquad (5-39)$$

式中：K 为收缩因子，$K = \dfrac{2}{\left| 2 - C_p - \sqrt{C_p^2 - 4C_p} \right|}$，$d = 1, 2, \cdots, N$。经典参数集各控制参数的最佳因子为：$N = 30$；$c_1 = 2.8$；$c_2 = 1.3$；$C_p = 4.1$。

本书选用径向基核函数，POS 算法对惩罚系数 C 和核函数参数 σ 进行优化选择，然后进行 LS – SVM 回归预测，算法步骤如下：

（1）LS – SVM 回归模型初始化；

（2）初始化粒子群，初始化加速常数 c_1 和 c_2、迭代次数 N、收缩因子 K，并把惩罚系数 C 和核参数 σ 映射为一群粒子，并初始化粒子的位置和速度，每个粒子的初始位置设为自身最优值 P_{best}，全局最优值 P_{gbest} 设为初始群体最好位置；

（3）按式（5 – 36）和式（5 – 37）更新粒子的速度和位置，生成新一代种群；

（4）判断当前迭代次数是否超过了设置的最大迭代次数，若满足，则将全局最优粒子映射为惩罚系数 C 和核函数参数 σ，得到 LS – SVM 模型的优化参数结果，否则转入（3）；

（5）用建立好的 LS – SVM 模型进行回归预测；

（6）结束。

5.3.5　实验及分析

为了验证算法的有效性，选取 230 个样本作为训练集，10 个样本作为测试

集,按照上述算法编写的程序运行计算,得到支持向量机的惩罚参数 C 和核函数参数 σ 结果,然后进行 LS – SVM 回归预测。

利用支持向量机建立的回归模型如下:

输入变量:4.8 节中提取的规则表 4 – 3 中规则 1 的条件属性。

输出变量:"截割功率"。

训练样本:230 个。

测试样本:10 个。

模型参数:核函数 RBF;$\sigma = 100$;$C = 50$。

模型的拟合误差和预测误差如图 5 – 4 所示。

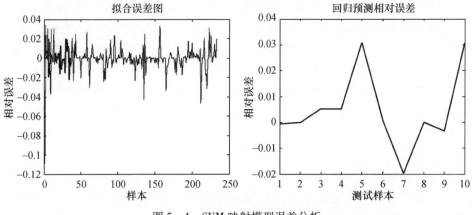

图 5 – 4　SVM 映射模型误差分析

通过模型误差分析结果可知,该模型预测的正负误差均小于 4% ,符合设计要求。

对 PSO – LSSVM 预测模型、LS – SVM 预测模型和神经网络预测模型的性能进行汇总对比,见表 5 – 1。PSO – LSSVM 模型进行预测时预测精度大大提高,因此该模型进行回归预测增强了模型的泛化能力。

表 5 – 1　三种预测模型的结果信息对比

性能指标 预测模型	相对误差 最大值$/10^{-2}$	相对误差 最小值$/10^{-2}$	相对误差 平均值$/10^{-2}$	标准差$/10^{-3}$
BP 神经网络	47.6	−43.8	8.95	92.5
LS – SVM	17.3	−16.1	3.25	27.3
PSO – LSSVM	3.76	−4.96	2.20	3.60

5.4　基于规则的知识推理

由于3.5.2节中规则库中规则的存储方式是以数据库为主,规则嵌入源程序为辅的知识组织形式,因此基于规则的知识推理的推理机构也由两种形式组成,一种是通过调用数据库中的规则进行问题的推理,另一种是一组包含有规则的嵌入式源程序。

推理方向用于确定推理的驱动方式,分为正向推理、逆向推理、混合推理及双向推理四种[138]。正向推理是以已知事实作为出发点的推理,又称数据驱动图例、前向链推理、模式制导推理和前件推理等。正向推理的基本思想是:从用户提供的初始事实出发,在规则库中找出当前可适用的规则,并正向使用规则进行推理推出新事实。逆向推理是以某个假设目标为出发点的推理,又称为目标驱动推理、逆向链推理、目标制导推理和后件推理等。逆向推理的基本思想是:首先选定一个假设目标,然后寻找支持该假设的规则,若所需的规则都能找到,则说明该假设是成立的,若找不到所需要的证据,则说明原假设不成立,与正向推理相反,是逆向使用规则的一种推理方法。混合推理是将正向推理和逆向推理结合起来的一种推理方式。双向推理是指正向推理与逆向推理同时进行,并在推理过程中通过中途"碰撞"得到中间结论吻合的一种推理方式。

本书采用正向推理方式,以用户输入的前提条件或已知的初始条件出发,在规则库中选出与规则前提条件相匹配的规则或在规则类中得到与规则前提条件相匹配的规则结论,推理得到我们所需要的知识和结论。规则调用的过程主要是根据规则名称和规则条件寻找规则结论的过程。具体步骤描述如下:

(1) 根据电牵引采煤机设计模块所对应的规则名称确定规则编号;

(2) 检索对应规则名称中的若干条规则,判断规则条件是否与用户搜索的前提条件相匹配,如果不匹配,则继续往下进行搜索,如果匹配则转向步骤(3);

(3) 获取该条规则的所有字段值赋给先前定义好的变量,按照规则条件的运算类型进行求解,如果满足规则条件则提取规则结论,如果不满足则继续执行步骤(2);

(4) 将提取出来的规则结论输出或应用于设计的决策过程中。

5.5　知识融合推理的电牵引采煤机概念设计推理模型

根据对电牵引采煤机概念设计实际过程的分析,结合上述三种知识推理方法,设计其推理机制如图5-5所示。首先进行 CBR 推理,CBR 推理能够为新问

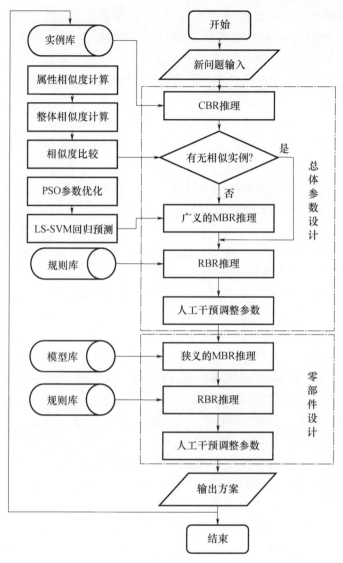

图 5-5　电牵引采煤机概念设计系统推理机制

题寻求一个相似实例,如果无相似实例则可以进行广义 MBR 推理,其推理基础是知识模型的建立,如关系模型、层次模型、结构 - 功能 - 行为模型、神经网络模型等。本书基于支持向量机回归理论建立了广义 MBR 推理模型,得到了各个总体参数与输入的设计要求参数之间的关系。作为一种深层次的推理方法,MBR推理模型最大的优点就是可以得到全新问题的解,特别适用于创新设计,随后可以进行 RBR 推理对参数进行验证。得到总体参数后进行部件设计,利用模型库中部件设计模型进行狭义 MBR 推理设计,推理步骤中包含基于规则库的 RBR 推理。广义 MBR 和狭义 MBR 推理过程中都允许设计人员对设计过程结果和最终结果进一步进行交互调整与修改,这是防止出现问题的最后一道屏障,因此人工干预调整参数是整个设计过程中必不可少的环节。最终推理结果以一定的策略存入实例库,提高了系统的知识自学习性和实例推理的命中率。

电牵引采煤机概念设计的融合推理模型的推理算法步骤描述如下:

(1) 利用改进后的近邻算法进行基于实例的推理,搜索最相似实例,如得到最相似实例则转向第(4)步;

(2) 如果没有找到最相似实例则进行广义模型推理;

(3) 利用事先总结的规则进行规则推理,进一步校验第(2)步广义模型推理的结果;

(4) 进行狭义模型推理,根据模型库的部件设计模型,结合规则库中的规则进行规则推理,完成对各部件及零件的设计;

(5) 在设计过程中通过人工干预调整参数进一步检验其是否适合实际情况;

(6) 最后将新实例存入实例库中,供以后设计所用。

基于知识融合推理模型在电牵引采煤机概念设计中的应用具有以下优点:

(1) CBR 推理与电牵引采煤机概念设计阶段的总体参数确定的传统设计过程思路一致,均是相似或类比的推理方法,主要是利用过去实际设计过程中所得到的实例和实例中存在的隐性经验知识来解决新问题,因此符合设计专家的思维过程。而且在计算实例相似度的过程中考虑到了影响实例比较结果精度的一个重要因素——属性特征权重,依据 4.6.2 节的理论计算得到的属性重要度计算出属性的相似度,从而得到整体实例相似度,取其相似度最大的实例作为 CBR 推理结果。

(2) 基于 PSO – LSSVM 的 MBR 推理模型的泛化能力优于其他传统机器学习方法。所谓泛化能力是指机器学习算法对未来新样本进行正确预测的能力。SVR 是一种基于结构风险最小化准则的学习方法,将回归问题转化为二次优化问题,与样本点的具体分布无关,其解是全局最优的唯一解。因此,SVR 的学习能力和泛化性能都优于传统的机器学习方法。而且,利用 PSO 的全局搜索能力对模型参数进行优化,避免了人为选择参数的盲目性,提高了预测模型的训练速度和泛化能力。

(3) 基于 SVM 的 MBR 推理模型有效解决了非线性问题。电牵引采煤机概念设计中总体参数的确定过程中条件属性与决策属性之间大部分都是非线性的关系,非线性 SVR 通过非线性变换函数 $\varphi(x)$ 将输入向量映射到高维线性特征空间,构造线性回归估计,从而很好地解决非线性问题。

（4）基于 SVM 的 MBR 推理模型有效解决了小样本问题。电牵引采煤机生产厂家有限,样本的获取比其他行业较为困难。传统机器学习推理模型只有样本趋于无穷大时,其学习性能和效率才有保证,但是 SVM 在有限样本的情况下就能保证良好的学习性能。

（5）RBR 规则推理中依据了知识库中规则库的若干条规则,一部分是由4.7 节介绍的知识获取模型得到的规则,另一部分是通过和领域专家沟通后总结表示出来的规则。这些规则进一步为电牵引采煤机设计的可靠性提供了支持。

5.6　实 例 分 析

输入:用户需求条件,包括采高为 3.5m,截深为 0.8m,煤质硬度为 4,煤层倾角为 35°,牵引力为 740kN,牵引速度为 8m/min。

输出:电牵引采煤机总体技术参数和主要部件的零件尺寸。

步骤 1:根据用户需求条件,利用属性权重在实例库中进行属性相似度和整体相似度计算,选取合适的推荐方案为:截割部功率为 400kW,牵引部功率为55kW,装机功率为 940kW,滚筒直径为 2.5m,整机重量为 60t,设计生产率为2170t/h,机面高度为 1561m,供电电压为 3300V。

步骤 2:假设输入用户原始参数采高为 4.0m,截深为 0.865m,煤质硬度为4,煤层倾角为 12°,牵引力为 865kN,牵引速度为 14.5m/min 时,进行近邻实例搜索没有相似实例,这时就要通过模型推理求解,利用支持向量机回归预测模型对条件属性和决策属性进行回归分析预测。模型映射关系为 4.8 节中生成的规则,结合规则推理进行求解。推理结果为:截割部功率为 800kW,牵引部功率为120kW,装机功率为 2040kW,滚筒直径为 2.5m,整机重量为 128t,设计生产率为2600t/h,机面高度为 2202m,供电电压为 3300V。

步骤 3:对总体技术参数中需要调整的参数进行人工干预调整和修改。例如可将滚筒直径 2.5 调整为 2.7,则在滚筒直径调整框中输入 2.7,其他参数不需要改变。

步骤 4:保存调整后的参数,并把模型推理后的结果存入到数据库中,扩展实例库,供以后设计使用。

步骤 5:得到总体技术参数后,利用模型库中的部件设计模型(见 3.5.3 节)对截割部、牵引部部件进行设计。以截割部设计为例,首先根据步骤 2 得到的截割部功率 800kW 查看结构图。然后由滚筒转速(由总体技术参数阶段得到的滚筒直径计算,如29)和行星轮总传动比(用户输入,如19)求出总传动比为2.67。接着根据传动比系数(用户输入,如1.1)分配各传动比(一级传动比为1.47,二级传动比为1.34,三级传动比1.22,四级传动比1.11)。再由总中心距(由于关联因素很多难以确定由用户输入2300)和模数(用户输入,如10)计算得到齿轮的详细参数(见表5-2、表5-3),包括每个齿轮之间的传动比,中心距,以及每个齿轮所在的轴号、模数、齿数、分度圆直径、齿顶高、齿根高、齿距、齿槽宽、齿顶圆直径、齿根圆直径、齿厚(具体实例演示见7.4.1节)。

表5-2 齿轮参数表

序号	齿轮1	齿轮2	齿轮3	齿轮4	齿轮5	齿轮6	齿轮7	…
传动比	1.47	1.34	1.00	1.22	1.00	1.00	1.12	…
中心距	292.92	414.07	0.00	350.75	385.31	385.31	406.07	…

表5-3 齿轮详细参数表

序号	轴号	模数	齿数	分度圆直径/mm	齿顶高/mm	齿根高/mm	齿距/mm	齿槽宽/mm	齿顶圆直径/mm	…
齿轮1	1	10	23	239.99	10	12.5	31.42	15.71	255.99	…
齿轮2	2	10	35	353.85	10	12.5	31.42	15.71	373.85	…
齿轮3	3	10	47	474.30	10	12.5	31.42	10.47	494.30	…
齿轮4	3	12	25	316.20	12	15.0	37.7	9.42	340.20	…
齿轮5	4	12	31	385.31	12	15.0	37.7	7.54	409.31	…
…	…	…	…	…	…	…	…	…	…	…

在设计过程中,结合规则库中已存好的大量规则进行推理,包括齿间载荷分配系数 $K_{h\alpha}$ 规则、弯曲疲劳寿命系数 K_{FN} 规则、接触疲劳寿命系数 K_{HN} 规则,齿形系数 Y_{Fa} 及应力校正系数 Y_{Sa} 规则、齿向载荷分布系数 Y_{Fa} 规则等。而且为了保证参数的准确性和可靠性,部分参数可由设计人员交互调整修改,例如传动比的分配可以由用户进行调配。

步骤6:进行参数校核,得到截割部零件的详细参数。同理,基于融合推理模型对牵引部进行设计。最终得到了电牵引采煤机主要部件的详细参数。

5.7 小 结

本章在分析了实例推理、模型推理和规则推理的基础上,提出了基于知识融合推理模型的电牵引采煤机概念设计推理方法,主要工作和结论如下:

（1）在分析了近邻实例推理算法的弊端后，基于粗糙集理论的知识约简对近邻算法进行了改进，区分了属性的重要程度，提高了实例推理的准确率，达到了降维的效果，减少了计算量。

（2）分析了基于 SVM 回归理论的电牵引采煤机概念设计方法，通过 SVR 挖掘出设计需求与产品特征参数之间的联系，并对经典的 SVM 模型进行了基于粒子群优化算法的参数优化改进，该模型具有容错和抗干扰的能力，解决了模糊集和粗糙集泛化能力差的问题，提高了需求和产品质量特征之间映射的准确度，弥补了实例推理无法解决的创新设计的问题。

（3）将实例推理、模型推理和规则推理相结合提出了知识融合推理模型，发挥三种技术在实例搜索、回归、可靠性方面的优势，完善了推理机制。结合电牵引采煤机概念设计过程，通过工程应用实例验证，经过融合推理模型处理所得的新知识具有较高的可信度，降低了对领域专家的依赖性，缩短了产品概念设计时间，实现了知识的继承与共享。

第6章

基于组件技术的电牵引采煤机零件远程 CAD/CAE 集成设计与分析模型

6.1 引 言

在新产品的研制过程中,约 70% 的成本耗费于设计阶段。而设计问题主要是约束满足问题,即给定功能、结构、材料及制造等方面的约束描述,求得设计对象的细节。因而采用参数化设计将大大降低成本,满足企业参与激烈竞争的要求。但是企业中对于不同的零部件,建模和分析步骤的选取、操作和各项参数的输入过程不仅差别很大,而且相当繁琐,从而影响参数化设计的准确性和质量。随着互联网的普及,各种 CAD、CAE 软件融入了 Web 技术,在网络环境下支持协同设计、异地设计和知识共享成为 CAD/CAE 技术新的发展特点[139]。

为了使开发的产品达到设计性能要求,现代设计方法中的 CAE 有限元分析是不可或缺的手段。一般进行产品有限元分析时,需要借助商业有限元软件,而且设计人员必须经过培训后掌握有限元分析专业知识和软件使用方法。如今企业面对日益激烈的市场竞争,对提高企业产品开发能力的需求越来越强,但是如果购置动辄上百万的 CAE 分析软件,还需要进行培训或招聘精通 CAE 分析的工程师,对于企业来说尤其是中小规模的企业来说,是需要付出高额的成本和长期的训练,显然是不现实的。随着计算机网络技术的发展,动态网络技术、组件技术、数据库技术等使得远程 CAE 有限元分析成为了可能。

目前许多学者对远程设计和远程有限元分析都各有研究[140-142],但关于二者的集成化、协同化研究仍鲜有文献报道。本书提出基于组件技术的电牵引采煤机网络 CAD/CAE 集成设计模型,在参数化设计思想的基础上,提出了将参数化建模和参数化有限元分析相结合的 CAD/CAE 集成设计方法,通过对二次开发工具的应用和编写专用接口程序,实现在 CAD 和 CAE 行业具有代表性质软件的数据共享,并利用动态网络技术、组件技术和数据库技术搭建了参数化远程

设计与分析平台,使整个设计与分析过程集成化、组件化、智能化、协同化,达到了以下目的:

(1)利用组件技术将企业 CAD 设计和 CAE 分析工作流程进行独立封装,提高软件质量、增强软件开放性,符合软件复用的思想。

(2)服务器端提供 CAD、CAE 支撑软件,企业无须承担软硬件投资、维护升级等一系列问题,降低了企业设计成本。

(3)平台集成了 CAD/CAE 行业具有代表性的软件,充分发挥 CAD 软件强大的建模功能和 CAE 软件强大的分析计算功能,简化了复杂的设计分析工作流程,弥补了单机版 CAE 分析知识库只能静态查询的不足,提供的动态远程设计与分析服务对工程人员具有较大的应用价值。

(4)CAD/CAE 网络集成模式为采煤机现代设计搭建了设计平台,实现了资源技术共享,具有良好的社会效益和经济效益。

6.2　底层组件技术

6.2.1　软件复用与组件技术

随着人们对软件需求的不断增加,软件的功能、可操作性、智能化程度也迅速发展,从而使软件变得更加复杂、更加庞大,开发的难度也越来越大,开发的周期越来越长、参与开发人数越来越多。为了减少重复劳动,降低被开发软件出错的概率,提高软件质量、增强软件开放性,软件重用是解决这种软件危机的主要途径。

软件复用是由 Mcllroy 第一次在 NATO 软件工程会议上提出的,1983 年,Freeman 对软件复用给出了详细的定义:"在构造新的软件系统的过程中,对已存在的软件人工制品的使用技术"。[143] 此后,随着对计算机软件研究的不断深入,软件复用受到了人们越来越多的关注。软件复用不同于软件移植。软件复用是指在两次或多次不同的软件开发过程中重复使用相同或相似元素的过程。软件移植是指对软件进行修改和扩充,使之在保留原有功能、适应原有平台的基础上,可以运行于新的软硬件平台。而复用则指在多个系统中,尤其是在新系统中使用已有的软件成分。软件复用具有诸多优点:提高软件生产率,减少开发代价;提高系统性能和可靠性;减少系统的维护代价;支持快速原型设计;提高系统间的互操作性等。

依据复用的对象,可以将软件复用分为产品复用和过程复用。产品复用是指复用已有的软件组件,通过组件集成组装得到新系统,包括复用组件的表示、检索等工具实现;过程复用是指复用已有的软件开发过程,使用可复用的应用生成器来自动或半自动生成所需系统。过程复用依赖于软件自动化技术的发展，目前只适用于一些特殊的领域。目前最现实、最主要的软件复用方式是产品复用即复用已有的软件组件。

当前常见的组件模型主要有三个：OMG 组织的 CORBA、Microsoft 的 COM/DCOM 和 SUN 公司的 JAVA RMI，其中 COM/DCOM 与 CORBA 的应用最广泛。目前 CORBA 主要用于 UNIX 操作系统平台上，而 COM/DCOM 主要应用于 Microsoft Windows 操作系统平台上。对于许多企业来说，使用 Windows 操作系统的覆盖率较高，而且根据相关测试，COM/DCOM 的远程调用时间可达到 CORBA 的 4 倍左右，因此本系统首选基于 COM/DCOM 的实现方法。

COM(Component Object Model)即组件对象模型[144]，是一种以组件作为发布单元的对象模型，这种模型使各软件组件可用一种统一的方式进行交互。简单地说，COM 是一种跨平台和语言共享二进制代码的方法，通过定义二进制标准在二进制级共享代码。COM 提供了组件间进行交互的规范，规范部分定义了创建对象和对象间通信的机制，这些规范不依赖任何特定的语言和操作系统，提供了实现交互的环境。组件对象就是完成特定功能的一个可执行的软件单位（EXE 或 DLL）。基于 COM 的组件有良好的可重用性，客户对象只能通过接口访问服务器对象。COM 的主要特征是为分布式应用程序提供了良好的支持。在 COM 标准中，一个组件包含一个或多个组件对象（也称 COM 对象），而组件则是提供 COM 对象的载体，在 Windows 操作平台上，它通常以动态链接库（DLL）和可执行程序（EXE）包装。

6.2.2　使用和处理 COM 对象

COM 对象是 COM 类的实例。每个 COM 对象包含一个或多个接口，而每个接口又由一组相关的属性和方法构成，COM 对象通过接口提供服务，对象接口的内容实现对外是隐藏的，这和 C＋＋对象的封装有所不同，C＋＋对象是源代码上的封装，只是语义上的封装，而 COM 对象则是二进制代码上的封装。

组件接口即 COM 对象接口，简称 COM 接口。按照 COM 规范，COM 接口必须能够自我描述，这意味着 COM 接口定义应该不依赖于具体实现，将实现与接口定义分离开来，彻底消除了接口调用者与实现者之间的关系，增强了信息的封装性。目前，COM 对象采用接口定义语言（Interface Definition Language，LDL）进行定义。COM 对象和接口必须唯一地被标识，两者都由一个 128 位的全局唯一标识符 GUID(Globally Unique Identifier)来标识，GUID 用概率方法产生，可以保证全球范围内的唯一性。当一个客户使用一个 COM 对象时，首先通过类标识符 CLSID 创建 COM 对象，再由 IID 获得 COM 对象的一个接口指针，通过接口指针,客户调用 COM 对象所提供的服务。

　　所有 COM 对象必须从一个特别接口 IUnknown 中派生而来,因而,它们都支持 IUnknown 接口的三个方法:QueryInterface、AddRef 和 Release。QueryInterface 方法负责向客户提供指向 COM 接口的指针。COM 对象的生存期则由 AddRef 和 Release 通过访问计数的方法来管理。当创建一个指向某对象的接口指针时,创建者负责调用 AddRef 方法将对象的访问计数加 1。当一个客户结束了对一个接口指针的使用时,它调用 Release 方法将对象的访问计数减 1,当访问计数变成 0 时,该对象知道所有客户都已结束了对方的使用,这时它就可以销毁其自身。

　　COM 对象的创建是由 COM 库和类工厂完成的。COM 库为创建类对象定义了一个标准的 API 函数,即 CoGetClassObject。为了与类对象进行通信,还定义了一个标准接口,即 IClassFactory 类工厂,每个 COM 对象必须实现这一特殊接口。IClassFactory 接口最重要的方法是 CreateInstance,该方法可以创建一个 COM 对象,程序只用调用 CoGetClassObject 获得一个 IClassFactory 接口指针,再调用 IClassFactory 的 CreateInstance 方法来获得一个指向该对象的接口指针,然后释放 IClassFactory 的接口指针[145]。

6.2.3　COM 组件的特点及开发方式

　　一个组件同一个应用程序类似,即都是已经编译、链接好并可以使用的。每个组件可以在运行时同其他组件连接起来以构成某个应用程序。如果需要对这个应用程序进行修改或改进时,只需将构成此应用程序的某个组件用新的版本代替即可。使用组件的优点如下:

　　(1)应用程序可随时间的流逝而发展变化,应用程序开发人员可以快速从某个组件库取出所需的组件并将其迅速地组装到一起以构造所需的应用程序。

　　(2)应用程序的组件可以分布在网络上的各台计算机,充分发挥网络功能,它是网络数据库生成的基础。

　　(3)COM 不是编程语言,是一种能使组件进行相互作用的二进制协议,它是一种组织程序的方法,与语言无关,因此,只要在遵循接口定义标准的前提下,用不同的语言都可以开发模型,这给开发人员提供了极大的方便。

　　(4)可重用性强,对象重用是 COM 规范很重要的一个方面,它保证 COM 可用于构造大型的软件系统。与其他组件通信时通过组建的接口进行,只要接口不变,不管组件内部如何变化,组件的客户应用程序都不需要任何修改。

　　目前,采用 Visual C++ 开发 COM 组件主要有以下 3 种方式[146]:

　　(1)COM SDK(Software Development Kit,软件开发工具包),这是一种直接

开发 COM 组件的方式,是最基本的开发方式,因为这种方式对开发人员有较高的要求,而且开发时需要重复编程劳动,因此,不是最为理想的方式。

(2) MFC(Microsoft Foundation Class,微软基本类库),这是利用 Windows 应用的基本类库开发 COM 组件的方式,MFC 功能强大,利用 MFC 开发图形应用程序和复杂用户界面非常方便,但其缺点是必须依赖 MFC 的运行时刻库才能正常运行,而且代码太大不适合网络传输,因此适合不需要在网络上传输的系统开发。

(3) ATL(ActiveX Template Library,ActiveX 模板库),ATL 为实现 COM 服务器创建了框架工程,它的优越性集中体现在解决了以往使用 COM SDK 和 MFC 开发中不能解决的问题,其优点主要表现如下:

① 自动化程度高。ATL 基本目标就是使 COM 应用开发尽可能自动化,ATL 自动为带有类工厂的 COM 对象添加程序代码,自动创建用于浏览器和创建客户程序所需要的类型库,自动生成 IDL 文件,因此简化了 COM 对象的定义和对跨越进程边界的远程 COM 对象的必要代码的生成,极大地方便了开发者的使用。

② 代码简练高效。因为 ATL 采用了特定的基本实现技术,摆脱了大量冗余代码,使得采用 ATL 开发的组件代码简练高效,因此适用于在网络环境下实现应用的分布式组件结构。

③ 技术先进。ATL 是目前 Microsoft 支持 COM 组件开发的主要开发工具,各个版本对基于 COM 的各种新技术支持良好,更新速度快于其他技术,包含有强大的功能,灵活性较强。

6.3　远程 CAD 参数化设计

6.3.1　UG 参数化设计方法

零部件的参数化设计是指在零件或部件形状的基础上,用一组尺寸参数和约束定义该几何图形的形状,尺寸参数和约束与几何图形有显式的对应关系,当尺寸或约束发生改变时,相应的几何图形也会有相应的变化,从而达到驱动该几何图形的目的。具体方法已在 3.5.4 节中详细介绍过,在此不再赘述。

6.3.2　参数化建模程序开发环境

UG 是 CAD、CAM 和 CAE 一体化的软件系统,可应用于产品从概念设计到实际产品的开发全过程,包括产品的概念设计、建模、分析和加工。UG/Open 作为 UG 平台上的二次开发工具是为满足用户需要而随 UG 一起发布的,它为 UG 软件的二次开发提供了许多函数和工具集,便于用户进行二次开发。利用该模块可对 UG 系统进行用户化定制和开发,实现特定的功能。UG/Open API 是 UG 与外部应用程序之间的接口,它提供了一系列函数的集合,通过 UG/Open API 的编程,用户几乎能实现所有的 UG 功能。根据程序运行环境的不同,UG/Open API 程序可分为两种模式[147]。

1. 内部(Internal)程序模式

UG/Open API 程序的运行与 UG 的环境有关,允许用户调用 UG/Open API 函数建立、编译、链接后得到一个动态链接库 DLL 文件,然后在 UG 界面下调用这个 DLL 文件,运行在 UG 内部的 API 程序通过动态链接成为 UG 的一部分,并可以与用户进行交互,实现与 UG 的无缝集成。内部模式的优点是程序代码小、连接速度快,运行结果在 UG 界面的图形窗口中可见,可以很直观地以图形界面的方式显示用户的各个步骤及其运行结果,方便用户与结果进行交互操作。但是这种方式具有以下缺点:因为内部模式只能在 UG 中运行,如果想与除 UG 二次开发模块以外的其他模块集成,相对比较困难;同时用户机上必须安装 UG 软件,导致用户必须提高机器的配置,增加了设计开发的成本;而且内部开发模式无法使应用程序脱离 UG 独立运行,很难使二次开法应用程序网络化。

2. 外部(External)程序模式

UG/Open API 程序的运行与 UG 的环境无关,只能在 UG 环境外运行 UG/Open API 程序,在操作系统下单独运行,完全在后台调用 UG/Open API 函数,调用灵活,不需要启动 UG 软件,但不能与 UG 图形界面进行交互。外部开发模式使得程序运行时间大大缩短,提高了设计效率。外部模式可以很好地解决内部模式存在的问题。外部模式允许用户以任何方式直接调用 UG/Open API 函数,这样用户可以方便地将二次开发模块集成到大型的应用程序当中去,为系统的集成提供了极大的灵活性。同时,外部模式为网络远程设计提供了可能,外部模式调用的是 EXE 文件,因此对于没有安装 UG 软件、配置较低的客户机,只要在服务器端安装了 UG 软件,直接通过网络调用服务器端的应用程序即可使用。因此企业只需在服务器上安装价格昂贵的 UG 软件,企业中的任何一台网络上的机器都可以使用到二次开发的应用程序,减少了设计成本和资源浪费。

通过以上分析,外部模式为实现网络远程设计提供了可能性,因此选用 UG/Open API 的外部开发模式比较合适。

6.3.3　远程参数化实现方法与步骤

远程参数化实现步骤如下:

（1）分析各零件的结构特点,并根据几何特征抽象出描述模型的特征参数,在表达式对话框中建立特征参数表达式;

（2）启动 UG 建模模块,利用参数化设计思想绘制零部件三维模型;

（3）创建程序框架,用 UG/Open API 的外部开发模式编写参数化设计程序。

（4）服务器端对 UG 的二次开发工作已经完成,为了实现网络化远程设计,需要把基于 UG 外部开发的参数化设计程序封装成 COM_PARA_DESIGN 组件,该组件实现模板零件的载入,零件设计参数的读取,新零件的创建、参数化设计、三维模型的输出等功能。

（5）利用. NET 技术首先获取用户页面中输入的零部件参数赋予变量,然后将这些参数写入以 EXP 为扩展名的文本文件,通过调用 COM_PARA_DESIGN 组件,在组件内部各个接口函数实现中,调用相应的 UG/OPEN API 函数完成相关操作,达到远程调用 UG 进行参数化设计的功能。

6.4　远程参数化有限元分析

6.4.1　ANSYS 参数化有限元分析

ANSYS 软件是融结构、热、流体、电磁、声学于一体的大型通用有限元软件,可广泛地用于核工业、铁道、石油化工、航空航天、机械制造、能源、汽车交通、国防军工、电子、土木工程、生物医学、水利、日用家电等一般工业及科学研究,是现代产品设计中的高级 CAE 工具之一。该软件提供了不断改进的功能清单,具体包括:结构高度非线性分析、电磁分析、计算流体力学分析、设计优化、接触分析、自适应网格划分及利用 ANSYS 参数设计语言扩展宏命令功能。

软件主要包括三个部分:前处理模块、分析计算模块和后处理模块。前处理模块提供了一个强大的实体建模及网格划分工具,用户可以方便地构造有限元模型;分析计算模块包括结构分析(线性分析、非线性分析和高度非线性分析)、流体动力学分析、电磁场分析、声场分析、压电分析以及多物理场的耦合分析,可模拟多种物理介质的相互作用,具有灵敏度分析及优化分析能力;后处理模块可将计算结果以彩色等值线显示、梯度显示、矢量显示、粒子流迹显示、立体切片显示、透明及半透明显示等图形方式显示出来,也可将计算结果以图表、曲线形式显示或输出。

ANSYS 为用户提供了多种二次开发实用工具,如宏(Marco)、参数设计语言(APDL)、用户界面设计语言(UIDL)及用户编程特性(UPFs)。利用 APDL 组织管理 ANSYS 有限元分析命令就能够实现有限元分析的参数化建模、参数化的网格划分与控制、参数化的材料定义、参数化载荷边界条件的定义、加载求解和后处理结果的显示,从而实现参数化有限元分析的全过程。假如在有限元分析过程中求解结果表明有必要修改设计,就必须改变模型的几何结构或载荷并重复上述步骤,特别是当模型较复杂或修改较多时,这个过程非常浪费时间,而 AP-DL 用智能分析的手段为用户自动完成了上述循环的过程,是实现设计优化自动化的有效手段,特别适合开发特殊分析功能的有限元专用分析系统[148]。

6.4.2　APDL 参数化语言

APDL 实质上由类似于 FORTRAN 的程序设计语言部分和 1000 多条 ANSYS 命令组成。其中,程序设计语言部分与其他编程语言一样,包括参数、数组表达式、函数、流程控制(循环与分支)、重复执行命令、缩写、宏以及用户程序等。标准的 ANSYS 程序运行是由 1000 多条命令驱动的,这些命令可以写进程序设计语言编写的程序,命令的参数可以赋以确定值,也可以通过表达式的结果或参数的方式进行赋值。从 ANSYS 命令的功能上讲,它们分别对应 ANSYS 分析过程中的定义几何模型、划分单元网格、材料定义、添加载荷和边界条件、控制和执行求解和后处理计算结果等指令[149]。

利用 APDL 开发的专用有限元分析程序,用户只要简单地修改各个分析参数,输入不同的分析方案,就可以进行参数化有限元分析的自动化过程,极大地提高了分析效率、减少了分析成本。对于一个零部件,要对其进行参数化分析,首先要根据结构特征、力学特征、工程特点等提取其参数进行参数化。参数包括主参数和关联参数,主参数包括几何结构、材料特性、载荷和边界条件、网格控制等参数;关联参数是指一系列存在相互作用和联系的参数,有时需要在主参数的基础上继续提取关联参数以备分析时使用。参数化有限元分析需要对 CAE 软件进行二次开发,利用 APDL 将建模、加载、分析以及处理等过程以 ANSYS 命令流的形式生成,分配执行的计算节点以批处理方式完成整个分析过程。

6.4.3　远程参数化有限元分析实现方法

远程参数化有限元分析的 FEA 过程与传统单机用户 FEA 过程相同,分为前处理、求解与后处理模块。

(1)前处理:人机交互,参数化建立模型。

人机交互模块采用 Microsoft 公司推出的 Web 应用程序开发技术——ASP. Net 技术,实现客户端与服务器的信息交互。它的主要功能是输入模型实际工作时的各种载荷数值、约束条件(加载位置与约束位置在 APDL 中已预先定义)与有限元模型网格大小等。服务器端即可获得模型几何信息和有限元模型信息。

（2）求解：生成分析文件，远程启动 ANSYS 求解器。

利用 VB. NET 文本处理函数以文本追加的方式将界面输入的参数读入到进行零件有限元分析所必需的 APDL 文本文件中，实现为 APDL 参数宏文件中的宏参变量赋值，从而形成供 VB. NET 调用的 ANSYS 命令流文件。具体实现过程为：

① 人机交互界面输入的零件有限元分析所需的参数，并保存到文本文件中。

② 将该文本文件追加写入到 APDL 文件中，为文件中的宏参变量赋值，作为 ANSYS 自动读入的分析文件。

③ 通过 VB. NET 中 Process 组件的 Start 方法，以后台运行的方式实现 VB. NET 对 ANSYS 的调用，自动读入分析文件，进行求解。

（3）后处理：对结果进行选择性处理，并应用户请求返回客户端。

基于 ANSYS 的有限元分析后处理过程内容丰富，结果形式多样，APDL 原始文件包括了部分后处理内容，求解完成后，可返回节点自由度结果及位移云图等结果供用户浏览和下载。用户可对结果进行判断，确定结构是否满足设计要求。如果不符，则可通过参数页面修改参数值，重新生成分析模型并进行分析。

整个流程如图 6-1 所示，主程序获取模型参数后转化成 ANSYS 软件能够

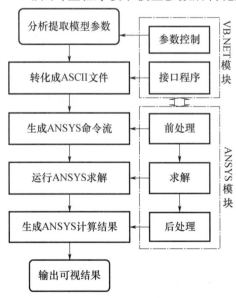

图 6-1 远程参数化有限元分析流程图

接受的 ASCII 文件,然后自动生成 ANSYS 命令流文件,即可调用服务器上的 ANSYS 软件,执行 APDL 命令文件进行分析计算,最后把计算结果返回给用户进行后处理。用户只需修改参数就可以反复地分析不同尺寸、不同载荷等多种设计方案的系列产品,极大地提高了分析效率和 CAE 系统的灵活性。

针对 ANSYS 软件每次运行后都会自动生成 LOG 文件的特点,对记录文件进行提取整理,形成 APDL 命令文件。分析对象的结构尺寸参数由接口程序提供,分析条件(载荷参数、材料参数和网格划分参数等)通过用户参数输入界面输入,保存到程序变量中,然后利用文件读写操作生成新的 APDL 命令文件以待主程序调用。ANSYS 提供的批处理运行模式使 ANSYS 可以在后台运行,求解相应分析结果后输出 OUT 文件,并可以保存到用户任意盘符。

6.5　基于组件技术的远程 CAD/CAE 集成设计与分析模型

6.5.1　网络模型的选取

随着软件系统的规模和复杂性的增加,软件体系结构的选择成为比数据结构和算法的选择更为重要的因素,三层客户/服务器体系结构为企业资源规划的整合提供了良好的框架,是建立企业级管理信息系统的最佳选择。系统采用三层网络模型,客户层—WEB 服务器层—数据库服务器层,这种结构简称 B/S (Browser/Server)结构。它是随着 Internet 技术的兴起,对 C/S 结构的变化或者改进的结构。在这种结构下,用户工作界面通过 WWW 浏览器来实现,极少部分事务逻辑在前端(Browser)实现,主要事务逻辑在服务器端(Server)实现,形成三层结构[150]。

(1)客户层也称表示层。该层主要负责在客户端实现与用户的交互,并向用户服务器提交服务请求,显示应用输出的数据和图形。以浏览器为交互工具进行操作,具体功能包括输入信息、参数化建模数据提交、有限元分析条件输入、三维实体模型显示和 CAE 分析结果输出及浏览。

(2)Web 服务器层。该层处理所有来自客户端的服务请求,专门为实现企业的业务逻辑提供明确的层次,封装了与系统关联的应用模型,并把用户表示层和数据层代码分开。该层提供客户应用程序和数据服务之间的联系,主要功能是执行应用策略和封装应用模式,并将封装的模式呈现给客户应用程序。

(3)数据层。三层模式中最底层,用来定义、维护、访问、更新数据并管理和满足应用服务对数据的请求。具体任务包括设计数据、模型的管理和 CAE 分析数据、结果的管理。

B/S 结构大大简化了客户端电脑载荷,减轻了系统维护与升级的成本和工作量,降低了用户的总体成本。以目前的技术看,局域网建立 B/S 结构的网络应用,并通过 Internet/Intranet 模式下数据库应用,相对易于把握、成本也是较低的。它是一次性到位的开发,能实现不同的人员,从不同的地点,以不同的接入方式(如 LAN,WAN,Internet/Intranet 等)访问和操作共同的数据库。B/S 结构具有以下特点[151]:

(1)维护和升级方式简单。目前,软件系统的改进和升级越来越频繁,B/S 架构的系统明显体现着更为方便的特性。B/S 架构的系统只需要管理服务器就行了,所有的客户端只是浏览器,根本不需要做任何的维护,比较适合大型的、集团式的公司使用。无论用户的规模有多大,有多少分支机构都不会增加任何维护升级的工作量,所有的操作只需要针对服务器进行,所以客户机越来越"瘦",而服务器越来越"胖"是将来信息化发展的主流方向。此外,软件升级和维护会越来越容易,而使用起来会越来越简单,这对用户人力、物力、时间、费用的节省是显而易见的。

(2)成本降低。单个应用服务器可以为处于不同平台的客户应用程序提供服务,在很大程度上节省了开发时间和资金投入,只需要在远程 Web 服务器上提供 CAD、CAE 支撑软件,实现远程维护、升级和共享,企业无须承担软硬件投资、维护升级等一系列问题。

(3)复用性强。封装了企业逻辑程序代码,能够执行特定功能的对象被称为"企业对象"。随着组件技术的发展,这种可重用的组件模式越来越为软件开发者所接受,增强了企业对象的重复可用性。

(4)良好的灵活性和可扩展性。对于环境和应用条件经常变动的情况,只要对应用层实施相应的改变,就能够达到目的。

(5)应用服务器运行数据负荷较重。由于 B/S 架构管理软件只安装在服务器端上,网络管理人员只需要管理服务器就行了,用户界面主要事务逻辑在服务器端完全通过 WWW 浏览器实现,极少部分事务逻辑在前端实现。但是,应用服务器运行数据负荷较重,一旦发生服务器"崩溃"等问题,后果不堪设想。因此,需要有备份数据库存储服务器,以防止数据丢失。

6.5.2 体系结构与集成方法

基于组件技术的网络 CAD/CAE 集成系统采用 B/S 模式,如图 6-2 所示,用户通过浏览器上的网页访问 Web 服务器,提交零部件的设计参数,Web 服务器获取设计参数后,调用开发好的组件,执行参数化设计应用程序,通过 UG 与 ANSYS 之间的自定义接口程序实现了参数的传递,实现了 CAD/CAE 软件间的数据共享,完成了 CAD 设计与 CAE 分析的任务,最终用户可以方便地得到满足设计要求的新零部件的三维模型及零部件的有限元分析结果。知识库中存放着设计与分析模型库、设计与分析实例库和工程数据库,为整个 CAD/CAE 集成设计提供了资源支撑。

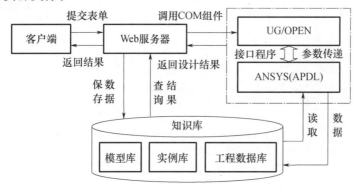

图 6-2　CAD/CAE 网络集成系统体系结构

其中,CAD/CAE 集成是利用参数传递的自定义接口程序实现的,实现过程如下:将零部件 CAD 模型的相关参数转化成可供 ANSYS 直接调用的 ASCII 文件,这样就完成了 UG 软件中的模型参数的输出;然后利用 ANSYS 提供的 APDL 读取来自 UG 软件的数据文件(ASCII 文件),这时必须在 ANSYS 中对该组参数、尺寸进行说明,文件中数据的存放顺序、读取格式和该组参数应保持一致;读取参数后生成新的 ANSYS 命令流文件,自动构建有限元模型,进行参数化有限元分析。

6.6　电牵引采煤机零件集成设计实例

6.6.1　系统开发过程

为了验证该集成方法的应用效果,本书以某型号电牵引采煤机的摇臂调高油缸的活塞 – 活塞杆组件为例,进行了远程参数化建模与参数化有限元分析的集成系统开发和实例演示。

步骤 1:分析零件结构,确定主要特征参数。

活塞、活塞杆是调高油缸的组成部分之一,图 6-3 为活塞 – 活塞杆组件的结构二维图。活塞杆建模分两部分:带孔的头部和由三个圆柱体组合而成的组合体。为便于后期的分析,将活塞和活塞杆合为一体进行实体建模。

UG 软件中建模的参数是以表达式存储的,而且参数之间的关系也是通过

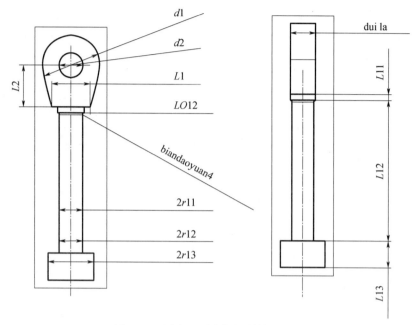

图 6 − 3　活塞 − 活塞杆的结构二维图

表达式之间的关系体现,是参数化 CAD 建模的重要工具。因此,首先自定义各特征参数,通过分析各部件结构特点,确定主要特征参数,见表 6 − 1,单位除变量 biandaoyuan 为度(°),其余均为 mm。

表 6 − 1　活塞 − 活塞杆的特征参数

参数变量	含义	初始值	参数变量	含义	初始值
$d1$	头部外轮廓圆弧直径	450	$r12$	处于中间位置和 $r11$ 直接接触的圆柱半径	90
$d2$	头部内孔直径	190	$r13$	第三个圆柱的半径	180
$L1$	头部结构底平面宽度	310	$L11$	圆柱 $r11$ 的长度	48
$L2$	外轮廓圆弧与内孔同心的垂直距离	318	$L12$	圆柱 $r12$ 的长度	1072
duila	对称拉伸的拉伸值	105	$L13$	圆柱 $r13$ 的长度	208
$r11$	和头部直接接触的圆柱半径	105	Biandaoyuan4	圆柱 $r11$ 与 $r12$ 接触处边倒圆的半径	15

步骤 2:建立草图,进行几何和尺寸约束,构造三维参数化模型。

建立草图,对草图进行几何和尺寸约束,特征的尺寸和位置通过函数与其他特征或零件进行关联,实现尺寸驱动的参数化设计。启动 UG 软件的模型模块,将草图构造为三维模型,见图 6 - 4。

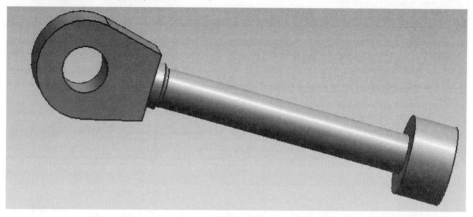

图 6 - 4　活塞 - 活塞杆组件三维实体模型

步骤 3:采用 UG/Open API 的外部开发模式,利用 VC + +6.0 对 UG 进行活塞 - 活塞杆组件参数化设计的二次开发。

步骤 4:将基于 UG 外部开发模式开发的活塞 - 活塞杆组件参数化设计程序封装成一个单独的组件,使远程参数化 CAD 设计在技术上得以实现。

步骤 5:通过动态网页编程技术将这些活塞 - 活塞杆组件的参数从客户端获取,并按照一定的语法规则写入文本文件,为实现远程参数化建模做好输入准备。然后利用步骤 4 生成的组件就能够实现客户端零件参数的输入和服务器端参数化 CAD 三维模型的输出。

步骤 6:利用 ANSYS 参数化设计语言 APDL 开发活塞 - 活塞杆有限元分析程序。

步骤 7:利用接口程序实现 CAD 模型的几何参数的传递,并且获取包括载荷参数、材料参数和有限元划分网格的有限元模型信息,一并将几何信息和模型信息写入到 APDL 文件中,形成有限元分析参数文件。

步骤 8:利用 . NET 技术调用服务器端的 ANSYS 软件,自动读入有限元分析参数文件,进行求解,最后将结果返回给客户端。

6. 6. 2　实例演示

在利用 ASP. NET 开发的用户页面(图 6 -5)输入活塞 - 活塞杆组件相应的结构外形尺寸参数,点击"建模"按钮,网页上就显示出活塞 - 活塞杆组件的三维模型如图 6 -6 所示,点击"保存模型"按钮,就可以保存到客户端的任意目录下。

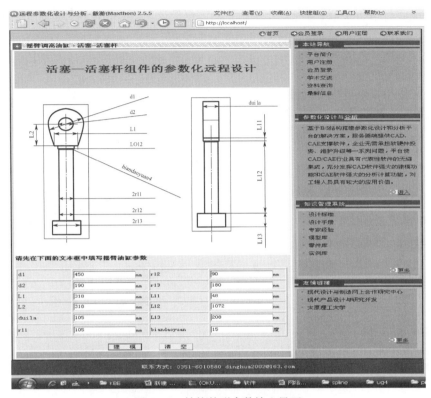

图 6 - 5　结构外形参数输入界面

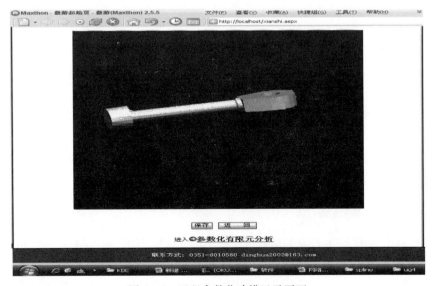

图 6 - 6　远程参数化建模显示页面

参数化模型建好之后,点击"参数化有限元分析"按钮,系统将分析和提取 CAD 模型的相关参数,并转化成 ASCII 文件,实现了 CAD 几何参数信息的传递;然后按照表 6－2,用户可以输入载荷与材料参数、网格尺寸参数(图 6－7 为有限元参数输入界面)等有限元模型参数,一起生成新的 APDL 文件,完成对服务器端 ANSYS 软件的自动调用,有限元建模、分析的求解过程在服务器后台执行完成后形成输出结果文件,供客户端用户分析使用。

表 6－2　有限元模型基本属性

载荷/MPa	弹性模量/Pa	泊松比	材料密度/(kg/m³)
34.7	2.06×10^{11}	0.3	7800

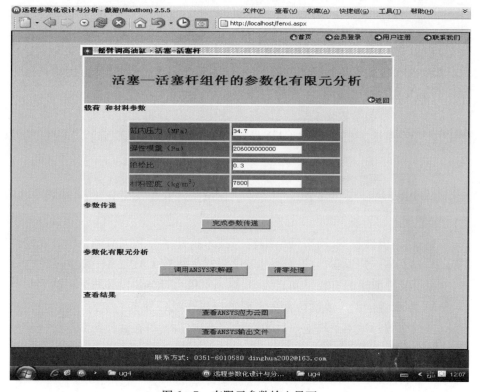

图 6－7　有限元参数输入界面

图 6－8 是可供用户浏览或下载的结果图,用户可以查看活塞－活塞杆组件的结构位移云图等分析结果,可对结果进行判断,确定结构是否满足设计要求。

图 6-8　返回结果图

6.7　小　结

本章在参数化设计思想的基础上,提出了将参数化 CAD 设计方法与参数化 CAE 分析方法集成的策略,主要研究内容和结论如下:

(1) 针对目前参数化 CAD 设计与参数化 CAE 分析二者的集成化、协同化研究的不足,提出了将参数化 CAD 设计方法与参数化 CAE 分析方法集成的方法。

(2) 分析了组件技术的优势,研究了远程 CAD 参数化设计方法和远程参数化有限元分析方法,并在此基础上建立了基于组件技术的远程 CAD/CAE 集成设计模型。

(3) 利用组件技术、动态网络编程等技术搭建了远程 CAD/CAE 集成设计平台,实现了基于知识驱动的电牵引采煤机零件远程 CAD/CAE 集成设计与分析,验证了所提方法的有效性和高效性,得到了较为理想的设计与分析结果。

(4) 本章提出的集成设计方法实现了提供产品级服务的实时、高效的快速设计与计算,同样适用于其他产品的远程设计与分析,可在其他产品的设计与分析中推广应用。

第7章

基于 KBE 的电牵引采煤机现代设计系统

7.1 引　言

在对基于 KBE 的电牵引采煤机设计进行了深入的理论研究之后,开发了软件系统,实现了工程应用。本章阐述了基于 KBE 的电牵引采煤机现代设计原型系统的构建过程,确定了软件架构、开发模式和体系结构,分析了软件的功能模型及软件开发关键技术,并基于 UG 平台利用其二次开发工具 UG/OPEN 的 KBE 开发环境,结合数据库技术、CAD/CAE 技术开发了基于 KBE 的电牵引采煤机现代设计系统。系统能够实现电牵引采煤机的概念设计、参数化三维模型的自动生成、CAE 设计分析和知识管理功能,使基于知识工程的电牵引采煤机现代设计方法得到了工程实际应用。

7.2　设计系统框架与功能设计

7.2.1　系统框架设计

系统框架可分为四层(图 7–1)。处于底层的是设计资源层,设计资源层主要包括知识库,如实例库、规则库、模型库、零件库、材料库和 CAE 分析库。位于第二层的是设计系统层。在设计系统层中,主要包括一些设计工具,如 CAD 建模和 CAE 分析软件及二次开发、接口开发工具,并对知识库中的知识进行维护和管理。位于第三层的是集成平台层,将知识与概念设计模块、参数化设计模块、设计分析模块进行融合,使各个模块进行集成,达到以知识驱动设计的目的。位于顶层的是用户界面层,用户分为知识领域专家、工程领域专家、设计人员和系统管理员。工程领域专家可以不断地将设计成功实例和 CAE 分析结果数据通过界面添加到系统的知识库中;知识领域专家主要负责将教科书、机械手册中的知识、专家经验知识等设计过程中涉及的知识进行知识表示,并建立可不断扩充的知识库;设计人员

121

即用户通过交互界面使用系统,辅助整个设计过程的完成;系统管理员主要负责维护整个系统的正常运行。该层将应用界面设计技术构建一些界面,以使系统能够与各类用户进行交互,引导各类用户完成各自的任务和职责。

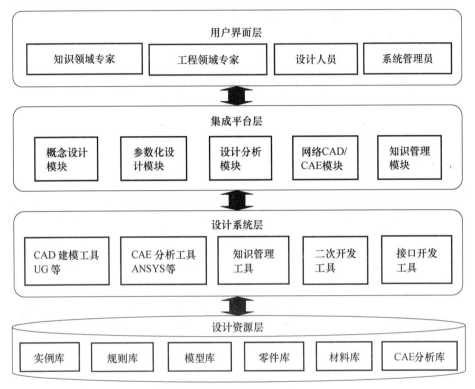

图 7-1　电牵引采煤机现代设计系统体系结构

7.2.2　系统功能设计

基于 KBE 的电牵引采煤机现代设计原型系统由概念设计子系统、参数化 CAD 设计子系统、CAE 分析子系统、网络 CAD/CAE 设计子系统和电牵引采煤机知识管理子系统五大部分组成。

1. 概念设计子系统

概念设计子系统包括总体参数确定和部件设计两大模块。总体参数确定中采用知识融合推理机制实现电牵引采煤机整机概念设计,主要功能是根据原始条件数据初步确定电牵引采煤机的总体技术参数。用户只需要输入概念设计的原始条件参数,通过在系统中查找相似实例就可以初步确定出最优的总体设计参数,系统中若没有相似实例可以进行模型推理进行创新设计,最后还可以进行人工干预参数调整,产生最终的总体设计参数。部件设计中针对电牵引采煤机截割部摇臂传动系统等部件进行了自动化设计程序的开发,设计人员只需在系统提供的对话框界面中填写或选取相应的原始参数,系统就会自动进行设计(计算)和校验,最后得出部件及部件中零件的详细设计结果。若结果不符合设计要求,系统会自动给出参数修改建议,重新进行设计。

2. 参数化 CAD 设计子系统

基于电牵引采煤机关键零部件的零件库开发了参数化 CAD 设计子系统,提供良好的人机交互界面,设计人员只需在界面上输入零件的参数,点击"建模"按钮即可完成相应的参数化零部件三维实体建模,避免了设计人员大量的重复工作。

3. 设计分析评价子系统

该子系统由查询模块、存储模块和智能评价模块三大功能模块组成,实现了对电牵引采煤机关键零部件的 CAE 分析结果的查询、存储及结果的评价并给出相应的解决方案。其中查询模块有多个查询条件(包括一级部件名、二级部件名、零件名、材料、单元类型、约束条件、图纸代号),输入单个条件或多个条件组合查询;智能评价模块是通过查询,获得需要评价的零部件信息,输入评价所需外部条件,系统给出在零部件 CAE 分析结果的总评,并给出相应的解决方案。

4. 网络 CAD/CAE 设计子系统

该系统是电牵引采煤机零件远程 CAD/CAE 设计与分析平台,用户只需在相应界面输入零件参数和有限元分析的相关参数,系统通过调用服务器端的 CAD 建模组件和 CAE 有限元分析组件,可以快速将三维模型和有限元分析结果返回给用户。该模块拓展了企业设计分析范围,节省了企业成本。

5. 电牵引采煤机知识管理子系统

电牵引采煤机设计过程中涉及的资源信息量大,内容和形式多种多样,包括各种设计标准、三维模型、计算方法、设计过程信息、设计技术文档资料等,如何统一描述、管理和共享这些知识资源是系统能否正常工作的关键。这就需要归纳、总结,合理抽象组织这些资源并采用现代有效的技术使设计者从这些数据中发现知识并自动积累以指导今后的设计工作,因此知识管理子系统是基于知识的电牵引采煤机设计应该具备的一个重要功能。该子系统包括电牵引采煤机实例库、规则库、模型库、零件库、材料库和 CAE 分析库。实例库中包括总体设计实例库、截割部和牵引部设计实例库。用户可以根据电牵引采煤机的总体参数、各部件、零件参数查询相应的实例,并且可以添加新的实例,从而不断地扩充更新实例库。规则库中存放着概念设计子系统中涉及的领域专家经验知识。模型库中包含广义 MBR 推理模型和狭义 MBR 推理模型,前者指电牵引采煤机设计知识获取模型,后者指部件设计中零部件的设计模块。零件库中用户不仅可以根据零部件的名称在零件库中查找其相关信息,还可以实现参数化零部件的自动化建模。材料库中包含了电牵引采煤机设计过程中需要参考的材料信息。CAE 分析库中存储着已做过的大量 CAE 分析结果,包括 CAE 分析过程如分析方法、分析条件、过程数据等信息,辅助设计人员进行 CAE 分析。

7.3 设计系统开发平台关键技术

7.3.1 系统开发模式的选取

目前 CAD/CAE 系统为 KBE 系统提供了有利的开发环境,有两种集成方法:一种是 CAD/CAE 系统开发商在其系统中集成 KBE 功能,提供 KBE 工具,例如 UG(Unigraphics)软件将人工智能语言 Intent 集成到其系统中,开发了 UG/KF 模块,为用户提供了一套 KBE 工具。另一种方法是用户利用 CAD/CAE 软件提供的二次开发工具 API(Application Program Interface),将 CAD/CAE 软件和 KBE 进行集成[152]。

由于电牵引采煤机的设计过程与 CAD 模型关系密切、CAD 软件交互频繁,并且单一的 UG/KF 模块无力承担各种功能模块的开发,因此本书采用第二种方法,即在现有软件 UG 软件的基础上进行二次开发,利用 UG 软件提供的 UG/OPEN 二次开发工具调用、协调、控制和集成各个功能模块。

7.3.2 开发平台工具的选取

1. VC++6.0 编程软件

VC++ 是微软公司开发的一个集成开发环境(IDE),它提供了多种多样的数据库访问技术——ODBC API、MFC ODBC、DAO、OLE DB、ADO,它们提供了简单、灵活、访问速度快、可扩展性好的开发技术;它还提供了 MFC 类库、ATL 模板类以及 AppWizard、ClassWizard 等一系列的 Wizard 工具,用于帮助程序员快速的建立应用程序,大大简化了应用程序的设计过程。

2. SQL Server 2005 数据库管理系统

SQL Server 2005 是一个全面的数据库平台,使用集成的商业智能(BI)工具提供了企业级的数据管理。SQL Server 2005 数据库引擎为关系型数据和结构化数据提供了更安全可靠的存储功能,可以构建和管理用于业务的高可用和高性能的数据应用程序。

3. UG 三维建模软件

UG 软件包括了世界上最强大、最广泛的产品设计应用模块。NX 具有高性能的机械设计和制图功能,为制造设计提供了高性能和灵活性,以满足客户设计任何复杂产品的需要。UG/Open（GRIP,API,MenuScript 和 UIStyler）提供了一个广泛而灵活的环境对 UG 功能进行二次开发,以在 UG 平台内部建立专用的应用程序。其功能包括:为构建 UG 风格用户菜单、对话框界面提供直观可视化的编辑器,并提供程序的入口;使用了许多今天最流行的编程语言,包括 C、C++ 和 Java,提供直接调用 UG 资源的编程接口,并且这种接口是一种使用C++语言真正面向对象的接口,具有面向对象特点的全部优点,包括继承性、封装性和多态性。

7.4　设计系统各子系统开发

7.4.1　概念设计子系统

1. 总体技术参数设计子子系统

电牵引采煤机总体技术参数设计是基于第四章、第五章所阐述的知识获取和知识推理理论开发的。该子系统的设计菜单如图 7-2 所示。

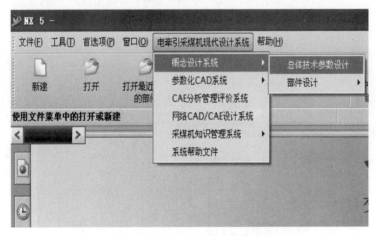

图 7-2　概念设计系统菜单界面

1）实例推理

用户在输入参数区域输入原始参数采高、截深、煤质硬度、煤层倾角、牵引速度、牵引力,点击"实例推理"按钮,系统会根据相应的原始参数在实例库中选取最合适的实例作为推荐方案,输出参数包括截割部功率、牵引部功率、装机功率、滚筒直径、整机重量、设计生产率、机面高度、供电电压等参数（相似实例显示区域）,相应的性能描述（技术特征描述区域）及备注信息（备注区域）。运行界面如图 7-3 所示。

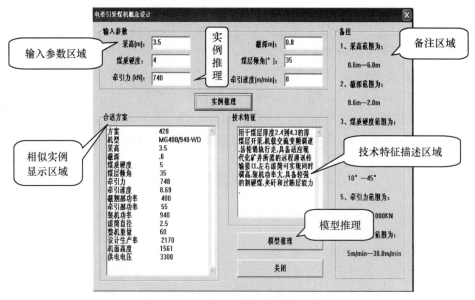

图 7-3 电牵引采煤机概念设计界面

2）模型推理

用户在输入参数区域输入一组新的原始参数,点击"实例推理"按钮后相似实例显示区域显示无相似实例的提示(图 7-4)。这时需要点击"模型推理"按钮进行模型推理,通过模型推理后在模型推理结果显示区域显示总体参数(图 7-5)。

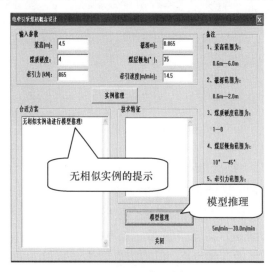

图 7-4 概念设计无实例界面

126

图 7-5 模型推理界面

3）调整参数并存入实例库

模型推理完之后,可以点击"调整参数"按钮,进行人工干预参数调整。例如:设计人员可根据实际情况和设计经验将滚筒直径 2.5 调整为 2.7,则在调整后的滚筒直径中输入 2.7,其他参数不需要改变。调整完参数以后,点击"存入实例库"按钮,保存调整后的参数并把模型推理后的结果作为新实例存入到实例库中,如图 7-6 所示。这样不断更新扩充数据库,使实例推理的命中率越来越高。

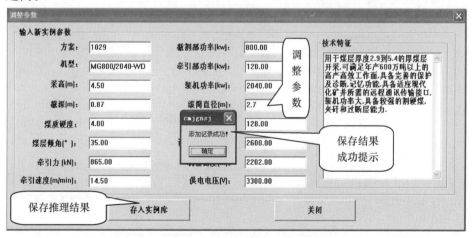

图 7-6 存入实例库界面

2. 部件设计子子系统

部件设计子子系统是基于 3.5.3 节模型库原理开发的。经过总体技术参数设计步骤之后,电牵引采煤机的主要技术参数如截割功率、牵引功率就大致确定了,这时可以根据总体技术参数对主要部件进行设计,即调用模型库中的设计模型进行自动化部件设计。

截割部传动系统设计主要根据截割部功率、传动比参数、中心距和模数,计算得出齿轮的主要参数,并进行校核。原始参数主要包括截割部功率、滚筒转速、行星轮总传动比、传动比系数、总中心距、模数、输出参数主要包括每个齿轮之间的传动比,中心距,以及每个齿轮所在的轴号、模数、齿数、分度圆直径、齿顶高、齿根高、齿距、齿槽宽、齿顶圆直径、齿根圆直径、齿厚。设计菜单和运行界面如图 7 -7 和图 7 -8 所示。

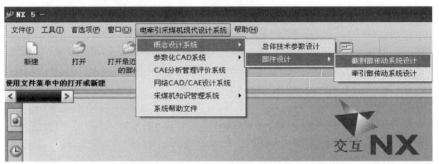

图 7 -7　截割部传动系统设计菜单

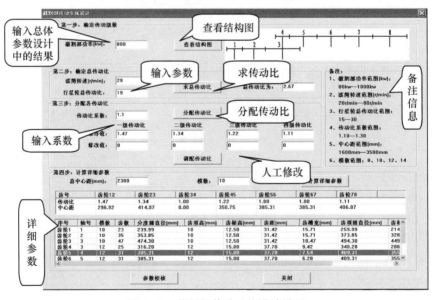

图 7 -8　截割部传动系统设计界面

1）确定传动级数

根据上一步确定的总体技术参数中的截割部功率的值来确定传动级数。截割部功率的范围是 40～1000kW，根据不同的截割部功率可确定不同的传动结构。点击"查看结构图"按钮即可显示出结构图。

2）确定总传动比

由滚筒转速和行星轮总比确定总传动比。总传动比是由滚筒转速和行星轮总比来确定的。滚筒转速和行星轮比的参考范围见备注信息。

3）分配传动比

输入传动比系数，范围在 1.1～1.3。根据上一步总传动比和传动比系数，分配传动比。若对系统自动推荐的传动比不满意，则可进行修改。为保证总传动比的值不变，系统会自动根据传动总比计算最后剩余的某级传动比。

4）计算详细参数

输入参数总中心距、模数，进行详细参数计算。总中心距和模数的范围见备注信息。点击"计算详细参数"按钮，每个齿轮之间的传动比、中心距以及每个齿轮的详细参数显示在界面下方。

5）齿轮的校核计算

输入参数使用系数、齿轮精度、齿宽系数、弯曲疲劳强度极限、安全系数，首先进行齿根弯曲疲劳强度校核，然后进行齿面接触疲劳强度校核。若校核不合格则需修改原始参数重新进行设计。校核界面如图 7-9 所示。

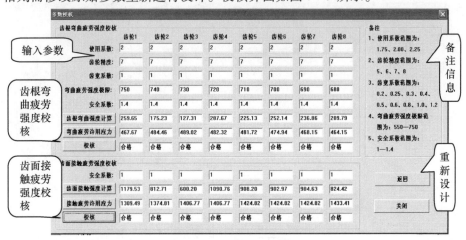

图 7-9 齿轮校核界面

7.4.2 参数化设计子系统

该子系统是基于 3.5.4 节零件库建库原理，利用 UG 建模技术、UG/Open 工具及 VC 编程技术等综合来开发的。设计菜单如图 7 - 10 所示。下面以轴和轴承座为例进行实例运行演示。

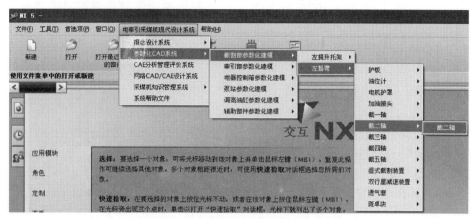

图 7 - 10 参数化 CAD 设计子系统菜单

选择菜单中参数化零件名称,系统会弹出该零件的参数化建模对话框,如图 7 - 11 所示。对照对话框中的二维图,在相应的结构尺寸或个数框中修改需要调整的参数,如将轴的参数之一"长度 L3"值由原先 7mm 改为 15mm,点击"确定"按钮,即可生成变参数后的三维模型,如图 7 - 12 所示。

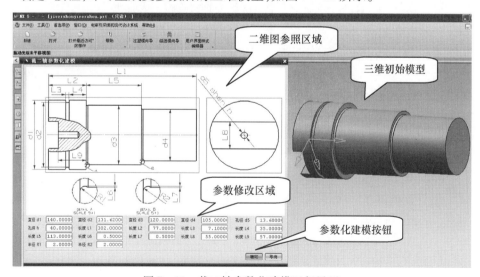

图 7 - 11 截二轴参数化建模运行界面

又如修改轴承座的参数之一"沉孔数 N"值由 6 改为 3,如图 7 - 13 所示。点击"确定"按钮,即可生成变参数后的三维模型,如图 7 - 14 所示。

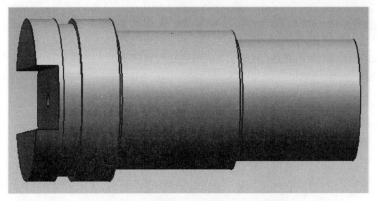

图 7 - 12　变参数后的截二轴三维模型

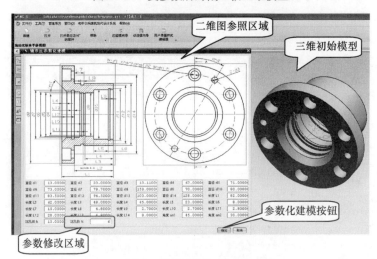

图 7 - 13　轴承座参数化建模界面

图 7 - 14　变参数后的轴承座三维模型

7.4.3 CAE 分析子系统

该子系统是基于 3.5.6 节 CAE 分析库建库理论开发的。利用 VC 中的 MFC 开发所有的界面,编写多个功能代码(数据库连接代码、数据库操作代码、系统初始代码等);利用 SQL 语言建立 CAE 分析数据库,包括瞬态分析数据库(SDtatbase)、结构静力学分析数据库(JDatabase)、模态分析数据库(MDatabase)、元数据库(UDatabase)。该子系统主要包含查询功能和数据库扩充两大功能。

1. CAE 分析库的查询功能

现以结构静力学分析数据查询为例,瞬态分析、模态分析操作步骤与此基本相同。图 7 − 15 为"CAE 分析数据库系统 − 查询模块"界面,由"瞬态动力学分析""结构静力学分析"和"模态分析"所示的三部分内容组成。

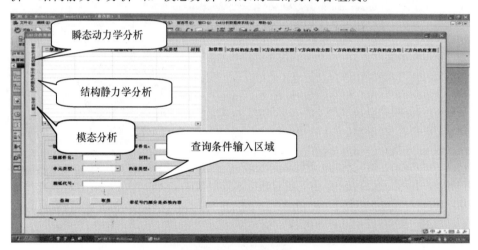

图 7 − 15　查询界面

点击对话框最左列选项卡"结构静力学分析",进入"结构静力学分析"页面,在查询条件区域内选择条件后点击"查询"按钮,左上角查询结果显示区域罗列出符合查询条件的数据,如图 7 − 16 所示。如果数据库中暂时没有所查询数据的相关收录,系统会自动提示。

右击某一行(如图纸代号为 M368.3.1.8.2)数据,弹出快捷菜单"打开图片",如图 7 − 17 所示,点击"打开图片"按钮,获得结构静力学分析结果。点击查询类别选项卡,显示加载图,X、Y、Z 方向的应力图和应变图等图(图 7 − 18 ~ 图 7 − 24)。

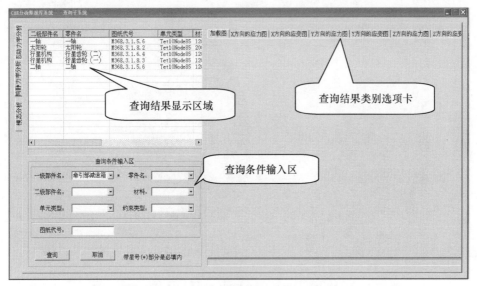

图 7-16　牵引部减速箱基本参数查询

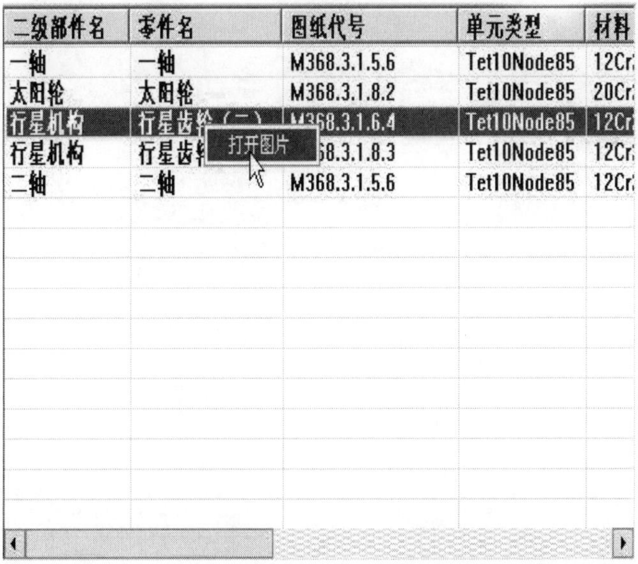

二级部件名	零件名	图纸代号	单元类型	材料
一轴	一轴	M368.3.1.5.6	Tet10Node85	12Cr
太阳轮	太阳轮	M368.3.1.8.2	Tet10Node85	20Cr
行星机构	行星齿轮（二）	M368.3.1.6.4	Tet10Node85	12Cr
行星机构	行星齿轮	368.3.1.8.3	Tet10Node85	12Cr
二轴	二轴	M368.3.1.5.6	Tet10Node85	12Cr

图 7-17　行星齿轮(二)CAE 分析图片查询

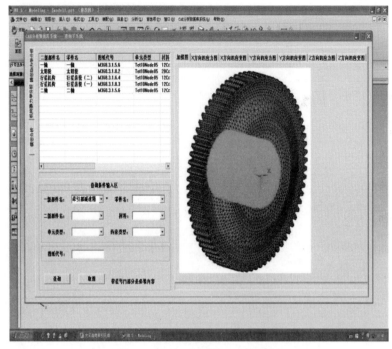

图 7 – 18　行星齿轮(二)加载图

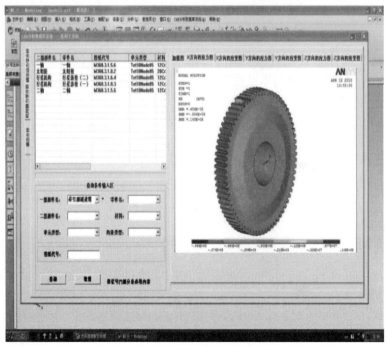

图 7 – 19　行星齿轮(二)X 方向的应力图

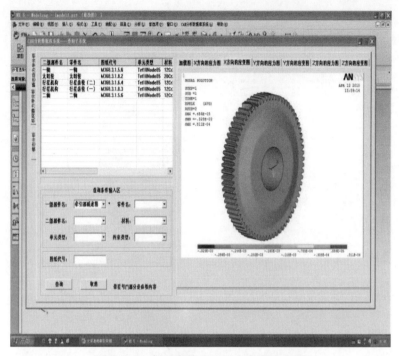

图 7-20　行星齿轮(二)X 方向的应变图

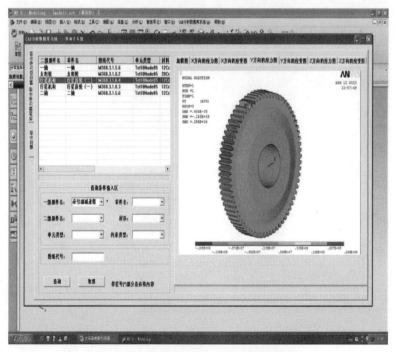

图 7-21　行星齿轮(二)Y 方向的应力图

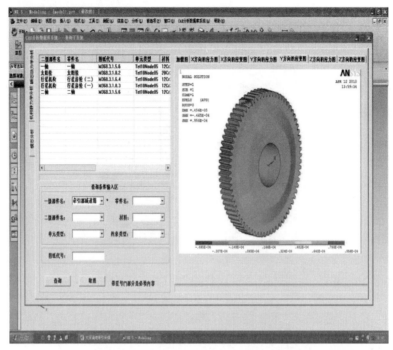

图 7-22　行星齿轮(二)Y方向的应变图

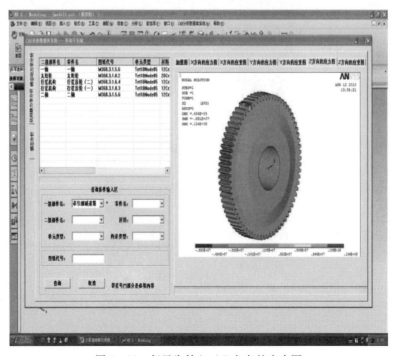

图 7-23　行星齿轮(二)Z方向的应力图

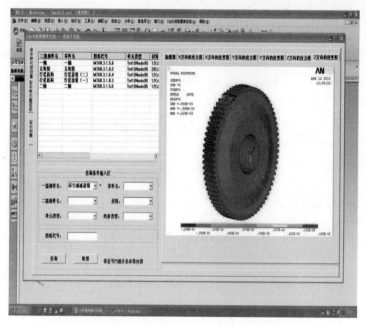

图 7 - 24　行星齿轮(二)Z 方向的应变图

2. CAE 分析库的扩展功能

现以模态分析数据存储为例,瞬态分析、结构静力学分析操作步骤与此基本相同。图 7 - 25 为"CAE 分析数据库系统 - 数据扩展模块"界面。

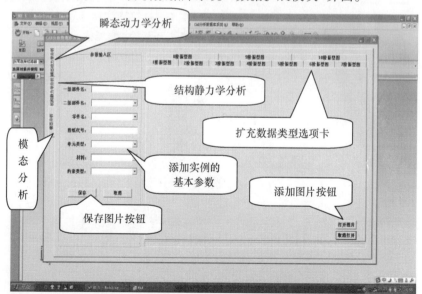

图 7 - 25　模态分析存储页面

　　点击对话框最左列"模态分析"选项卡,进入"模态分析"页面。在界面的左侧选择或模态分析添加实例的基本参数,在界面的右侧,点击"1 阶振型图"标签,并点击右下侧的"打开图片",选择所要存储的图片,如图 7 – 26 所示。点击"打开"按钮,添加图片成功。图 7 – 27 ~ 图 7 – 29 表示行星架(一)的 1 阶、2 阶、3 阶振型图添加成功,4 ~ 10 阶振型图的添加方法同上。

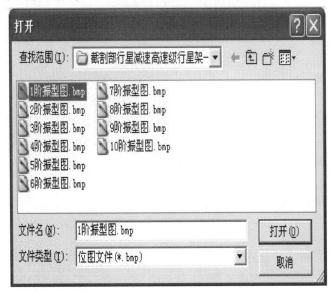

图 7 – 26　选择打开文件

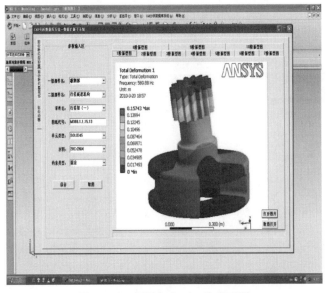

图 7 – 27　行星架(一)1 阶振型图

138

图 7 - 28　行星架(一)2 阶振型图

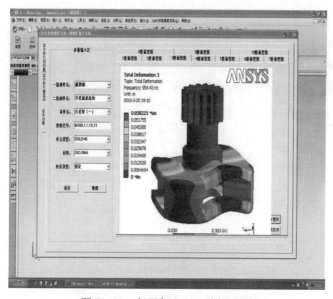

图 7 - 29　行星架(一)3 阶振型图

　　单击界面左下角的"保存"按钮。如果数据保存成功,则系统自动给出提示,否则系统会提示出错的地方。存储结果在数据库中如图 7 - 30 所示。

图 7-30 存储结果在 SQL Server 数据库中的显示

7.4.4 网络 CAD/CAE 设计子系统

该子系统是基于第六章阐述的理论开发的,集成后的菜单和初始界面如图 7-31、图 7-32 所示,具体运行实例已在 6.6.2 节中演示,在此不再赘述。

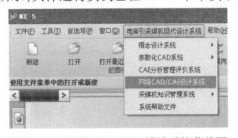

图 7-31 网络 CAD/CAE 设计系统菜单图

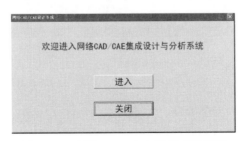

图 7-32 网络 CAD/CAE 设计系统界面

7.4.5 知识管理子系统

该子系统是基于第三章阐述的知识库理论开发的,包括实例库、规则库、模型库、零件库、材料库和 CAE 分析库等。由于零件库和 CAE 分析库分别在前面的 7.4.2 节和 7.4.3 节介绍的子系统中都已演示,规则库和模型库均为后台调用模式,因此本节主要介绍实例库和材料库。

知识管理子系统的实现技术中 UG 与数据库连接技术是关键。本书考虑到 ODBC 连接速度较慢、UIstyler 自身功能有限等缺点,因此采用 ADO 连接技术,以 VC 为编程工具,实现了 UG 与 SQL Server 数据库相连接。

1. 实例库

1) 查询功能

实例查询是根据所输入的参数选择符合要求的所有方案并供用户浏览,包括精确查询和模糊查询。图 7-33 和图 7-34 分别为模糊查询界面和精确查询界面。

图 7-33　实例模糊查询界面

模糊查询中,在查询条件输入区域输入部分条件,点击“查询”按钮,则会显示满足条件的所有方案,如图 7-33 所示。若要查询某一方案的性能特点,则点击图中的深色部分,就会在文本框中显示该方案的性能特点。精确查询中,输入全部查询条件,点击“查询”按钮,显示出满足要求的一个方案。

如果想继续查看该实例的零件信息,则点击该实例,如图 7-34 查询结果表格中深色行所示,弹出零件信息界面图 7-35。在“查询条件”区域,选择要查询的一级部件名、二级部件名、三级部件名等条件,点击“查询”按钮,结果显示列

图 7 - 34　实例精确查询界面

表框中罗列出来满足条件的所有零件信息数据,选择想要查看的零件并点击该行,所选零件的详细信息在"零件详细信息"区域内显示。

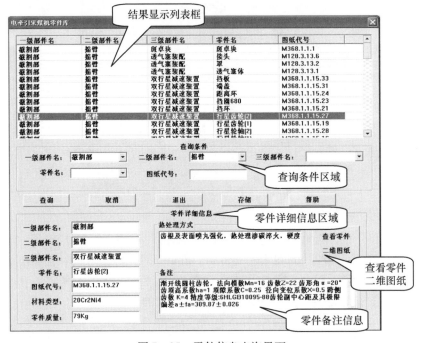

图 7 - 35　零件信息查询界面

点击"查看零件二维图纸"按钮,可以调出该零件的二维 CAXA 图,如图 7 - 36 所示,可供用户保存或打印。

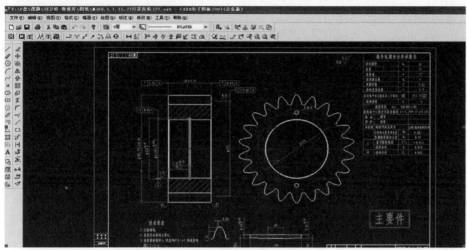

图 7 - 36　零件二维 CASA 图

2)扩充功能

如果需要添加新实例,则点击图 7 - 34 中的"添加新实例"按钮,输入新实例的各个参数,填写对新实例性能特点的描述,点击"存入实例库"按钮,显示添加记录成功,这样就可以不断地扩充实例库,如图 7 - 37 所示。

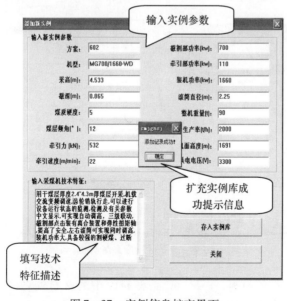

图 7 - 37　实例信息扩充界面

图 7-38 为零件扩充界面。将零件的各级部件名、零件名、图纸代号、材料类型、零件质量内容进行填写,并对热处理方式等备注信息进行描述后,点击"保存"按钮,就可以成功添加零件实例。

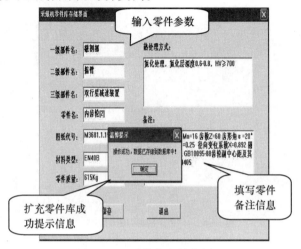

图 7-38　零件信息扩充界面

2. 材料库

材料库界面如图 7-39 所示。执行材料查询操作(现以指定存活率的疲劳极限查询为例,常规力学性能、物理性能、指定存活率的疲劳寿命查询操作步骤与此大体相同)。

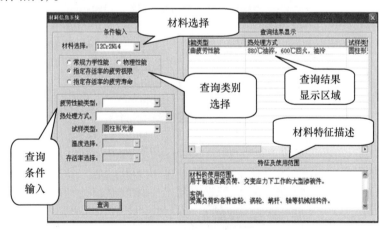

图 7-39　材料库系统界面

选择所要查询的材料,图 7-40 是材料库中的材料列表,然后选择查询类别,常规力学性能、物理性能、指定存活率的疲劳极限、指定存活率的疲劳寿命的查询所需要的查询条件是不同的。常规力学性能查询只需选择材料即可（必选）；物理性能查询需要选择材料和温度（两者为必选）；指定存活率的疲劳极限需要选择材料（必选）、疲劳性能类型（可选）、热处理方式（可选）和试样类型（可选）；指定存活率的疲劳寿命查询，需要选择材料（必选）、疲劳性能类型（可选）、热处理方式（可选）、试样类型（可选）和存活率（必选）。现以 12Cr2Ni4 为例的指定存活率的疲劳极限查询为例，查询条件试样类型为"圆柱形光滑"，点击"查询"按钮，显示查询结果，同时在"特征及使用范围"一栏列出该材料的特征、使用范围等信息供用户参考。

图 7-40　材料列表

7.5　设计系统测试实验

7.5.1　软件测试的目的和内容

由于软件是由人开发出来的，因此不论采用何种先进的开发方式都只能减少错误的产生，而不可能完全杜绝软件中的错误，软件测试作为保障软件质量最直接、最有效的手段之一，是软件开发的重要部分，不论是软件开发者还是使用者都应该把软件质量作为重要目标之一。软件测试实质是指发现软件中的错误并不断修复的过程。本书建立了电牵引采煤机现代设计系统软件测试过程模型，选择适合的软件测试方法，制定了软件测试进度表，并给出了各阶段及各子模块的测试用例，最后生成了测试报告。通过对软件在需求分析阶段、系统设计、子系统设计和实现阶段等各个环节的迭代测试过程，尽早地发现了问题并加以改进。

7.5.2 软件测试过程模型

软件测试过程模型是对软件测试过程的抽象,是测试过程管理的重要参考依据。早期的测试采用的是串行模型,测试往往作为编码后的一个阶段,很难及时发现需求分析和系统设计时的错误。本系统采用 W－H 模型进行测试。

W 模型[153]由 Evolutif 公司提出,测试流程与开发流程是并行关系,如图 7－41 所示。与早期测试模型相比,W 模型有利于尽早发现软件中的问题,例如用户需求完成后,测试人员就应该对需求进行验证测试,尽早发现系统开发的难度,及时调整开发策略。但是 W 模型也存在一定的局限性,上一开发阶段结束后,才可正式开始相对应的测试工作,这样就无法支持迭代的开发模型。

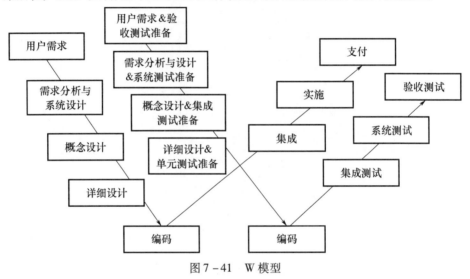

图 7－41　W 模型

H 模型[153]的主旨思想是"尽早准备,尽早测试"。H 模型中测试流程与开发流程是交叉进行的,不存在严格的次序关系,只要测试条件成熟,做好测试准备工作随时可以进行测试,及时发现软件中的缺陷,形成一个完全独立的测试流程,如图 7－42 所示。

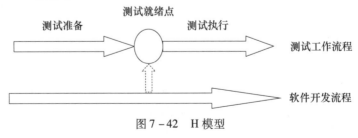

图 7－42　H 模型

将上述两种模型结合起来形成 W - H 模型,该模型以 W 模型为框架,结合 H 模型独立测试的思想,将测试过程进行迭代,最终完成测试目标。在每一个测试迭代过程中,都由测试需求阶段、测试计划阶段、测试准备阶段、测试执行阶段和测试结束阶段五个阶段组成,如图 7 - 43 所示。

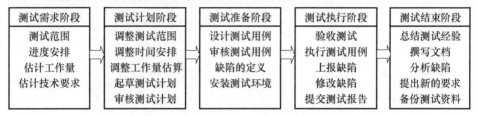

图 7 - 43　测试工作流程

7.5.3　软件测试的方法

软件测试方法从不同的角度有不同的分类,按照是否执行被测软件的角度来分,可分为静态测试和动态测试。静态测试是指不运行被测程序本身,仅利用系统的调用图等手段或代码质量模型对代码进行评价,一般适用于早期测试阶段,如测试需求、计划和准备阶段。动态测试是指实际运行被测程序,输入测试用例中的测试数据,检查实际输出结果和预期结果是否相符,一般适用于软件开发后的测试执行阶段。

按照是否完全了解程序的内部结构、处理过程和具体实现算法的角度来分,可分为黑盒测试和白盒测试。白盒测试是针对程序内部的代码逻辑结构进行测试,包括语句覆盖、判定覆盖、条件覆盖、判定 - 条件覆盖、条件组合覆盖和路径覆盖等测试,一般适用于软件开发和测试过程的早期阶段。黑盒测试是指不考虑程序的内部结构,只面向输入、输出和功能,模拟用户的操作,将被测系统的输出记录同预期结果进行比较,包括等价类划分、边界值分析、错误推测法、因果图和功能图等测试方法[154]。

7.5.4　软件测试实验

1. 测试环境

测试环境主要包括硬件环境和软件环境,硬件环境指测试所需的服务器、客户机、网络设备等硬件设备构成的环境,软件环境指操作系统、数据库及应用软件构成的环境。测试硬件环境的配置一般稍低于实际应用环境,条件允许时可准备中等和高级两个档次的配置,这样既能保证绝大多数用户的需求,又满足系统的可扩展性。软件环境一般选用普及的操作系统保证软件适用性,选用正版杀毒软件保证测试环境不被病毒所干扰。结合采煤机现代设计系统运行环境现状,测试环境软硬件配置见表 7-1。

表 7-1　测试环境软硬件配置表

测试设备	产品型号	软硬件配置
测试服务器	HP DL580 G3	硬件环境:CPU 3.66GHz × 4;内存 4.0GB;硬盘 136GB ×5
		软件环境:Windows Server 2000 IIS 6.0;SQL Server 2005 网络版
	Dell 工作站	硬件环境:CPU 2.33GHz × 4;内存 2.0GB;硬盘 160GB
		软件环境:Windows Server 2003 IIS 6.0;SQL Server 2005 网络版
测试客户机(测试单机)	Dell 台式机	硬件环境:CPU 2.33GHz × 2;内存 1GB;硬盘 80GB
		软件环境:Windows XP SP3;SQL Server 2005
	联想 台式机	硬件环境:CPU 3.0GHz;内存 512MB;硬盘 80GB
		软件环境:Windows XP SP3;SQL Server 2005
杀毒软件	诺顿防病毒软件	

2. 测试进度

电牵引采煤机现代设计系统开发、测试及应用周期为 2009 年 12 月至 2010 年 12 月。项目管理人员估算了测试项目的规模和进度后,根据测试流程制定了测试进度表,见表 7-2。

表 7-2　测试进度表

编号	测试内容	测试时间							
		1月25日	3月25日	5月25日	8月25日	9月25日	10月25日	11月25日	12月25日
1	测试需求分析	√							
2	测试计划制定		√						
3	功能单元测试			√					
4	功能部件测试				√				
5	集成测试					√			
6	系统测试						√		
7	安装测试							√	
8	验证测试								√

3. 测试用例

按照电牵引采煤机现代设计系统的功能模块划分,共有四大子系统。以概念设计子系统为例介绍各个测试阶段的测试用例。

1）单元测试用例

单元测试是对软件中最小的可以单独执行编码的单元进行测试,大多采用白盒测试方法。以部件设计中的牵引部外牵引调配传动比步骤为例,根据基本路径测试法设计测试用例。流程图如图 7 – 44 所示。

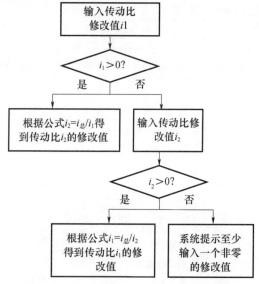

图 7 – 44　外牵引传动比修改调整流程图

步骤 1:根据流程图绘制出程序控制流图 G。如图 7 – 45 所示,圈节点表示一个或多个无分支的语句或源程序语句,箭头表示边或连接,代表控制流。

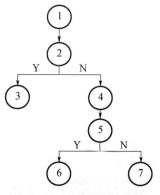

图 7 – 45　程序控制流程图

149

步骤 2:计算圈复杂度。圈复杂度是一种为程序逻辑复杂性提供定量测度的软件度量,将该度量用于计算程序的基本独立路径数目,为确保所有语句至少执行一次的测试数量上界。独立路径必须包含一条在定义之前不曾用到的边。图 7-45 中有三种结果输出的可能,因此有三条循环路径。

步骤 3:导出测试用例,据上所述,至多有三条独立路径,可覆盖以上所有路径。

路径 1:1—2—3;路径 2:1—2—4—5—6;路径 3:1—2—4—5—7。

步骤 4:准备测试用例见表 7-3。

表 7-3　测试用例表

用例编号	用例名称	测试等级	测试条件	验证步骤	期望结果	测试结果
Test-1	牵引部调配传动比	单元测试	上一步骤已计算出外牵引总传动比为 1.26	外牵引一级传动比修改为 1.1	出现提示框已对二级传动比进行计算,结果为 1.15	输入一级外牵引传动比系统自动计算出二级传动比
Test-2	牵引部调配传动比	单元测试	上一步骤已计算出外牵引总传动比为 1.13	外牵引二级传动比修改为 1.09	出现提示框已对一级传动比进行计算,结果为 1.04	输入二级外牵引传动比系统自动计算出一级传动比
Test-3	牵引部调配传动比	单元测试	上一步骤已计算出外牵引总传动比为 1.15	外牵引一级、二级传动比分别修改为 1.08、1.07	出现提示框已对二级传动比进行计算,结果为 1.06	一级、二级外牵引传动比都输入时,系统自动修改二级传动比

经过三条路径测试,均返回预计结果,牵引部外牵引传动比修改过程通过单元测试。

2）部件测试用例

部件测试是在单元测试后对独立的功能模块进行测试。主要采用白盒测试的方法,以实例推理过程为例,根据基本路径测试法设计测试用例。流程图如图 7-46 所示。

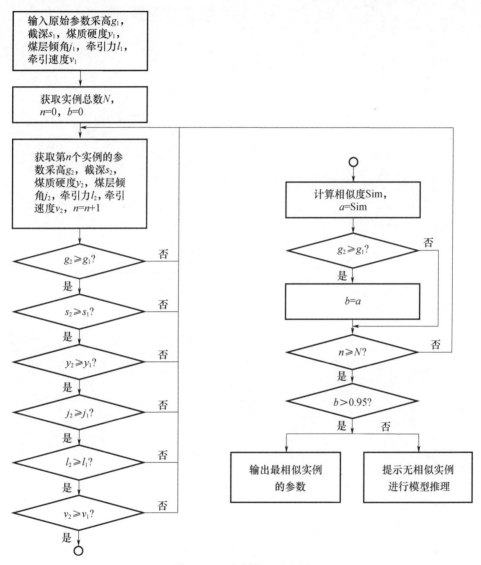

图 7 - 46　实例推理流程图

步骤 1:根据流程图 7 - 46 绘制出程序控制流图 G,如图 7 - 47 所示。

步骤 2:计算圈复杂度。图中有两个输出,两个输出的循环路径是一样的,所以两个输出结果按照一个节计算。图中圈复杂度为 $V(G) = E - N + 2 = 22 - 15 + 2 = 9$,其中 E 是控制流图中边的数量,N 是控制流图中节点的数量。

步骤 3:导出测试用例,根据上面的计算方法,至多有 9 条独立路径,可覆盖以上所有路径。实际发现 7 条路径即可覆盖以上所有路径。

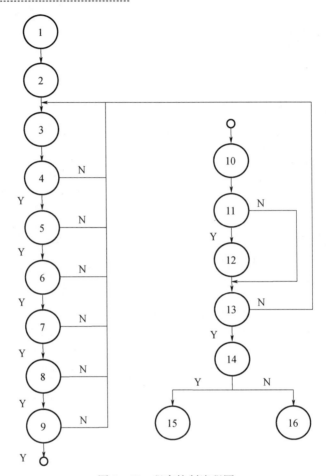

图 7 - 47　程序控制流程图

　　路径 1:1—2—3—4—3—4—5—6—7—8—9—10—11——13—14—15

　　路径 2:1—2—3—4—5—3—4—5—6—7—8—9—10—11—13—14—16

　　路径 3:1—2—3—4—5—6—3—4—5—6—7—8—9—10—11—13—14—15

　　路径 4:1—2—3—4—5—6—7—3—4—5—6—7—8—9—10—11—13—14—15

　　路径 5:1—2—3—4—5—6—7—8—3—4—5—6—7—8—9—10—11—13—14—15

　　路径 6:1—2—3—4—5—6—7—8—9—3—4—5—6—7—8—9—10—11—13—14—15

　　路径 7:1—2—3—4—5—6—7—8—9—10—11—13—3—4—5—6—7—8—9—10—11—12—13—14—15

　　步骤 4:准备测试用例(表 7 - 4)。

表 7 - 4　测试用例表

用例编号	用例名称	测试等级	测试条件	验证步骤	期望结果	测试结果
Test - 1	实例推理测试	部件测试	采高为 4.3m；截深为 0.8m；煤质硬度为 5；煤层倾角为 35°；牵引力为 748 kN；牵引速度为 8.8m/min	点击实例推理	有相似实例	有相似实例，截割部功率为 400kW；牵引部功率为 55kW；装机功率为 940kW；滚筒直径为 2.5m；整机重量为 60t；设计生产率为 2170t/h；机面高度为 1561m；供电电压为 3300V
Test - 2	实例推理测试	部件测试	采高为 2.3m；截深为 0.8m；煤质硬度为 3；煤层倾角为 20°；牵引力为 500kN；牵引速度为 6.2m/min	点击实例推理	有相似实例	无相似实例，需进行模型推理

经 7 条路径测试，均返回预计结果，实例推理通过部件测试。

3）集成测试

见表 7 - 5。

集成测试是指将各个子系统集成过程中的测试。本系统主要采用 UG、VC ++、SQL Server 数据库技术，因此这三种技术的集成显得尤为重要。集成测试主要采用黑盒测试的方法。

Test - 1 测试是否能实现对数据库的查询功能。Test - 2 测试是否能实现对数据库的扩充功能。Test - 3 测试是否能正常显示子系统界面。

Test - 1 测试结果异常的主要原因是计算机中未安装 IIS 组件。安装该组件过后，CAE 分析数据库系统运行正常。Test3 测试结果异常的主要原因是缺少 mfc42.dll 文件，将该文件复制到 C：\ Windows \ system32 中后即可显示界面。

4）安装测试

安装测试指整个系统在不同配置环境下或移植过程中系统的功能和性能测试。将本系统在企业安装后，发现前期测试中未发现的问题，见表 7 - 6。

表 7 - 5　测试用例表

用例编号	用例名称	测试等级	测试条件	验证步骤	期望结果	测试结果
Test - 1	CAE 分析库库查询功能测试	安装测试	(1) 安装 UG,SQL Server 2005 (1) 拷入数据库文件以及包含动态链接库的 startup 文件 (3) 设置环境变量	(1) 点击菜单中的 CAE 分析子系统 (2) 进入查询界面 (3) 输入查询条件,点击"查询"按钮	显示查询结果	出现数据库连接错误的提示界面
Test - 2	CAE 分析库扩充功能测试	集成测试	(1) 安装 UG,SQL Server 2005 (2) 拷入数据库文件以及包含动态链接库的 startup 文件 (3) 设置环境变量	(1) 输入参数包括一级部件名、二级部件名、零件名等七个主要参数 (2) 添加 CAE 分析前处理文件,过程文件及后处理文件	添加成功	添加成功
Test - 3	菜单界面测试	集成测试	在与开发程序使用的计算机配置不同的计算机测试	点击菜单中的知识管理子系统下面的实例库	显示实例库界面	无法显示界面

表 7 − 6　测试用例表

用例编号	用例名称	测试等级	测试条件	验证步骤	期望结果	测试结果
Test − 1	总体技术参数设计	安装测试	(1) 安装 UG，SQL Server 2005 (2) 拷入数据库文件以及包含动态链接库的 startup 文件 (3) 设置环境变量	打开 UG 点击菜单概念设计中的总体技术参数设计	显示总体技术参数设计相应界面，并能运行计算	显示界面，运行正常
Test − 2	截割部传动系统设计	安装测试	(1) 安装 UG，SQL Server 2005 (2) 拷入数据库文件以及包含动态链接库的 startup 文件 (3) 设置环境变量	点击菜单概念设计中部件设计下面的截割部传动系统设计	显示截割部传动系统设计相应界面，并能运行计算	界面无法显示

通过比较发现两个用例的界面调用方法存在不一致,后将 Test – 2 界面调用方式改为 Test – 1 的界面调用方式,添加主要代码如下:

```
…
static UF_MB_action_t actionTable[] =
{
{"jiege_act",DBSystem_act},
{ NULL,NULL,NULL }
};
static UF_MB_cb_status_t DBSystem_act(
        UF_MB_widget_t              widget,
        UF_MB_data_t                client_data,
        UF_MB_activated_button_p_t call_button )
{
        jiege();
        return(UF_MB_CB_CONTINUE);
}
extern "C" DllExport void qianyin()
{
        int errorCode = UF_initialize();
        if(0 = = errorCode)
        {
                AFX_MANAGE_STATE(AfxGetStaticModuleState());
                Cqybchd dlg;
                dlg.DoModal();
                errorCode = UF_terminate();
        }
}
```

添加代码后经过调试便可显示界面,并能正常运行。

5)验证测试

验证测试是指测试人员在模拟用户环境的测试环境下,对软件进行测试,验证已经实现的软件产品是否实现了需求中所描述的所有需求项。本系统的验证测试主要针对各个功能模块进行测试,具体实例在 7.4 节中已演示,在此不再赘述。

4. 测试结果

依据《信息技术 软件包 质量要求和测试》的国家标准,在模拟和实际两种运行环境下从功能性、易用性、用户文档等方面进行了软件产品测试,测试结果表明"电牵引采煤机现代设计系统"各项功能模块工作稳定可靠,均能有效顺利地使用,实现了预期的目标,能够满足用户的需求,符合标准的要求。

7.6　设计系统的应用

基于知识工程的电牵引采煤机现代设计系统已在太原矿山机器集团有限公司设计研究院得到了成功应用。该企业设计研究院多年来主要承担各种系列与型号的电牵引采煤机的设计研发任务,由于缺乏科学、先进的技术手段,产品研发周期过长,极大地制约了产品市场竞争力的提高。近年来,随着现代矿井大采高综采工作面的日益增多,企业承担的大采高、大功率电牵引采煤机的研发任务越来越重,以上问题显得更加突出。

用户报告表明:企业自从采用该系统进行设计以来,节省了查阅设计资料和设计计算的时间,降低了出错率,减少了重复工作次数,减轻了设计人员的劳动强度,使产品研发周期显著缩短。该系统应用效果良好,具有显著的经济效益和社会效益,而且具有足够的安全性和可靠性。

7.7　小　结

本章在前述理论与方法研究基础上,针对电牵引采煤机总体技术参数设计、分系统设计和 CAE 分析三个主要阶段,开发了基于知识工程的电牵引采煤机现代设计系统。主要研究内容和结论如下:

(1) 阐述了基于知识工程的电牵引采煤机设计系统的开发体系框架和主要功能模块。分析了软件开发关键技术,对各个子系统进行了设计、编码、集成和测试,实现了系统的开发。

(2) 通过运行实例验证了所用方法的有效性,得到了比较理想的设计结果,以往成熟案例和设计经验得到了重用,满足了电牵引采煤机总体技术参数确定、分系统设计和 CAE 分析的需求,解决了电牵引采煤机设计知识继承问题。

(3) 研究了满足工程需求的、高效的软件测试方法,建立了系统的测试过程模型,并根据不同阶段设计了典型的测试用例进行测试实验,保证了系统的可靠性与稳定性。

附　录

AI(Artificial Intelligence) 人工智能

KBE (Knowledge Based Engineering) 知识工程

CAD (Computer Aided Design) 计算机辅助设计

CAE (Computer Aided Engineering) 计算机辅助工程

CAM(Computer Aided Manufacturing) 计算机辅助制造

PDM(Product Data Management) 产品数据管理

CAID(Computer – Aided Industrial Design) 计算机辅助工业设计

VP(Virtual Prototyping) 虚拟样机技术

RPM(Rapid Prototyping Manufacturing) 快速原型制造

APDL(ANSYS Parametric Language) ANSYS 参数设计语言

CBR(Case – based Reasoning) 实例推理

RBR (Rule – based Reasoning) 规则推理

MBR(Modle – based Reasoning) 模型推理

RCCRM (Reasoning Combining CBR, RBR and MBR) 基于实例、规则和模型的混合推理

KB(Knowledge Base) 知识库

RS(Rough Set) 粗糙集

NN(Nearest Neighbor) 最近邻

ERM(Empirical Risk Minimization) 经验风险最小化

VCD (Vapnik – Chervonenkis Dimension) VC 维

SVM (Support Vector Machine) 支持向量机

SVR(Support Vector Regression) 支持向量机回归

LS – SVM(Least Squares Support Vector Machines) 最小二乘法支持向量机

PSO(Particle Swarm Optimization) 粒子群优化

COM(Component Object Model) 组件

IDL (Interface Definition Language) 接口定义语言

GUID(Globally Unique Identifier) 全局唯一标识符

SDK(Software Development Kit) 软件开发工具包

MFC(Microsoft Foundation Class) 微软基本类库

ATL(ActiveX Template Library) 模板库

B/S(Browser/Server) 浏览器/服务器

参 考 文 献

[1] Danjou S T, Lupa N, Köhler P. Implementation of KBE – applications for the design of virtual prototypes[J]. Konstruktion, 2008, 11:56 – 60.

[2] Liu J B, Chen Dairui, Muthyala, Srihari. Web based enterprise computing development strategies[C]. Proceedings of the International Conference on Internet Computing, IC'04, 2004, 2:641 – 647.

[3] 李春亭, 吕宏. 基于 AutoCAD 斗轮堆取料机数字化设计系统的开发与研究[J]. 起重运输机械, 2004, 9:26 – 28.

[4] 陈立平. 数字化设计的发展与创新[J]. 中国机电工业, 2007, 8:74 – 75.

[5] 丁晓阳, 丁来军. 建设 CAD/CAE 数字设计、仿真平台[J]. CAD/CAM 与制造业信息化, 2006, 20(8):4 – 7.

[6] 李昌熙. 采煤机[M]. 北京:煤炭工业出版社, 1988:15 – 17.

[7] Li Mengqun, Liu Chunmei, Sun Houfang. The Similitude Production Engineering for Excavate – coal Machine [C]. Proceedings of the International Symposium on Test and Measurement, 2003, v4:3311 – 3314.

[8] Curran R, Gomis G, Castagne S. Integrated digital design for manufacture for reduced life cycle cost[J]. International Journal of Production Economics, 2007, 109(1 – 2):27 – 40.

[9] Lawrence Sass. Synthesis of design production with integrated digital fabrication[J]. Automation in Construction, 2007, 16(3):298 – 310.

[10] Bley H, Franke C. Integration of Product Design and Assembly Planning in the Digital Factory[J]. CIRP Annals – Manufacturing Technology, 2004, 53(1):25 – 30.

[11] Tang S H, Kong Y M, Sapuan S M. Design and thermal analysis of plastic injection mould[J]. Journal of Materials Processing Technology, 2006, 171 (2):259 – 267.

[12] M Jolgaf, Hamouda A M S, Sulaiman S. Development of a CAD/CAM system for the closed – die forging process[J]. Journal of Materials Processing Technology, 2003, 138(1 – 3):436 – 442.

[13] Kao Y C, Cheng H Y, She C H. Development of an integrated CAD/CAE/CAM system on taper – tipped thread – rolling die – plates[J]. Journal of Materials Processing Technology, 2006, 177:98 – 103.

[14] Huang Y M, Lan H Y. CAD/CAE/CAM integration for increasing the accuracy of mask rapid prototyping system[J]. Computers in Industry, 2005, 56:442 – 456.

[15] Yue Shuhua, Wang Guoxiang, Yin Fei. Application of an integrated CAD/CAE/CAM system for die casting dies[J]. Journal of Materials Processing Technology, 2003, 139:465 – 468.

[16] 彭岳华, 盛治华. 基于 UG 软件开发平台的汽车产品开发[J]. 计算机辅助工程, 2002, 9(3):1 – 7.

[17] 杨德一, 张小莉, 郭钢. 基于知识工程的汽车总体设计系统[J]. 机械与电子, 2003(6):14 – 18.

[18] 肖育林, 张小明, 金群. 基于 UG 的 SF32601 型自卸车运动学分析与仿真[J]. 机械研究与应用, 2005, 18(5):95 – 99.

[19] 周建安, 孙卫和. 基于 UG 的电视导光柱注塑模具 CAD/CAM/CAE[J]. 深圳职业技术学院学报, 2004, 1:7 – 9.

[20] 朱德泉,周杰敏,俞建卫. 基于UG平台的模具CAD系统开发技术[J]. 机械工程师,2005,10:72-75.

[21] 雒海涛,王春洁,孟晋辉. 机构系统数字化设计方法[J]. 机械工程与自动化,2006,5(138):41-43.

[22] 王进. 挖掘机CAD/CAE/CAM/PDM一体化解决系统[J]. 工程机械,2004,4:5-8.

[23] 童见锋,王世杰. 潜油螺杆泵采油系统数字化设计[J]. 机电产品开发与创新,2005,18(1):47-49.

[24] 王亮申,李刚,田忠民,等. 液压缸的数字化设计[J]. 机床与液压,2006,12:200-201.

[25] 景宁,胡荣生,王秀伦. 同向双螺杆数字化设计系统研究与开发[J]. 计算机集成制造系统-CIMS,2002,8(6):491-495.

[26] 陈伟文. 注塑机可视化虚拟设计平台的开发[J]. 轻工机械,2006,24(4):1-3.

[27] 尤子平. 舰船总体系统工程的数字化思考[J]. 舰船科学技术,2008,30(1):26-28.

[28] 吴伟伟,唐任仲,侯亮,等. 基于参数化的机械产品尺寸变型设计研究与实现[J]. 中国机械工程,2005,16(3):218-222.

[29] 齐建. 基于UG的陶瓷注射模架库开发[D]. 济南:山东大学,2006.

[30] 郦洪源. 基于UG的零件库建库技术的研究与实现[D]. 无锡:江南大学,2007.

[31] 龚雪丹. 基于UG的铸钢件工艺系统CAD的研究与开发[D]. 武汉:华中科技大学,2006.

[32] 王冬梅. 基于知识的计算机辅助机构设计支持技术研究[D]. 成都:四川大学,2006.

[33] 刘祖良,庞守美,郑继周. CAD/CAE代表软件集成接口技术浅析[J]. 机械研究与应用,2007,20(4):104-106.

[34] 纪福森,吴铁鹰,陈伟. 参数化CAD/CAE集成与应用[J]. 机电工程技术,2006,35(6):86-88.

[35] 曹将栋,赵良才,方喜峰. 承重托架CAD/CAE集成设计系统[J]. 机械与电子,2005,10:18-20.

[36] 谢世坤,黄菊花,杨国泰. CAD/CAE集成中的有限元模型转换之研究[J]. 中国机械工程,2005,16(5):428-431.

[37] 刘国亮,张兴旺,郑生荣. CAD/CAE集成有限元模型转换在注射模具设计中的应用[J]. 2007,36(5):88-91.

[38] 李红,陈靖芯,徐晶. 机械产品智能化设计与经营决策集成系统[J]. 农业机械学报,2004,35(6):198-201.

[39] 宿月文,朱爱斌,陈渭,等. 连续采煤机智能设计系统的研究与开发[OL]. http://www.paper.edu.cn/index.php/default/releasepaper/content/200801-362.

[40] 吴宪. 基于虚拟设计环境的轿车悬架系统设计平台的研究[D]. 上海:同济大学博士后研究工作报告,2001.

[41] 祁宏钟,雷雨成. 基于UGII软件的汽车悬架设计开发系统[J]. 计算机应用与软件,2003,7:21-31.

[42] Liu Bo,Jin Chunning,Ding Yi,et al. UGS/NX-based design and package system of vehicle body-side[J]. Jilin Daxue Xuebao,2006,36(1):33-38.

[43] 刘波. 知识驱动的车身结构设计方法研究及其相关软件开发[D]. 吉林:吉林大学,2007.

[44] 高源,颜建军,郑建荣. 基于知识熔接的智能标准库[J]. 计算机辅助工程,2009,18(1):70-72.

[45] 郑金桥. 基于KBE的大型复杂冲压件工艺设计关键技术研究[D]. 长沙:华中科技大学,2005.

[46] 吴卫东,刘德仿. 基于UG和Oracl的夹具参数化零部件库及其系统的研究和开发. 机械设计与研究[J]. 2002,18(2):17-21.

[47] 赵祖德,顾军华,刘川林. 基于知识的挤压工艺及模具设计支持系统的研究[J]. 中国机械工程,

2008,19(6):654－658.

[48] 杨随先,喻俊馨. 基于 ASP 的齿轮设计计算 COM 组件设计及应用[J]. 机械设计与研究,2003,19(5):32－35.

[49] 陈庆贵,高志刘,向峰. 基于网络的机械设计平台的研究与开发[J]. 机械设计与制造,2003,5:24－26.

[50] 台立钢,李殿起,钟廷修. 机械产品集成化定制设计与研究[J]. 机械设计与研究,2006,22(1):6－8.

[51] 梁岱春,张树生,李鹏. Web 环境下的 CATIA 产品三维模型信息共享的研究与实现[J]. 机床与液压,2006,8:5－7.

[52] 薛建勋,黄杰,孙全平. 基于 WEB 的三维产品远程设计的研究[J]. 中国科技信息,2006(14):118－119.

[53] 陈长胜. 基于 ASP 的机械零部件远程设计系统[D]. 南京:河海大学,2007.

[54] 蔡长韬,许明恒,陈守强,等. 基于 ASP 技术的数控磨床参数化建模实现[J]. 计算机工程,2005,31(12):202－205.

[55] 黎波. 王荣桥. 基于 COM/DCOM 的分布式零件参数化设计系统的研究[J]. 北京航空航天大学学报,2004,30(12):1195－1199.

[56] 徐毅,陈旺,金博. 基于 Web 和 Pro/E 的零部件设计重用系统研究[J]. 计算机集成制造系统,2007,13(12):0131－5132.

[57] 黄晓云. 汽车总体设计专家系统的研究与开发[D]. 沈阳:东北大学,2003,8.

[58] 李晓豁,杨丽华. 基于 PRO/E 的连续采煤机滚筒的参数化设计[J]. 黑龙江科技学院学报,2007,17(6):437－439.

[59] 李晓豁,张景辉. 连续采煤机装载系统故障诊断的专家系统[J]. 中国工程机械学报,2008,6(2):233－236.

[60] Kneebone S. The knowledge based engineering and process modeling are transforming manufacturing companies[C]. Hong Kong:Knowledge based engineering symposium,2000:1－17.

[61] Chapman C B,Pinfold M. Design engineering－a need to rethink the solution using knowledge based engineering[J]. Knowledge－based System,1999,12:257－267.

[62] 高中存. 基于 UG/KF 的飞机结构件数控夹具设计技术研究及应用[D]. 南京:南京航空航天大学,2006.

[63] 邵健. 基于 KBE 的注塑模具型腔设计系统研究[D]. 杭州:浙江大学,2006.

[64] 赵祖德,顾军华,刘川林. 基于知识的挤压工艺及模具设计支持系统的研究[J]. 中国机械工程,208,19(6):654－658.

[65] 陈明. 基于知识工程的反射器智能化设计[D]. 上海:复旦大学,2006.

[66] 高源,颜建军,郑建荣. 基于知识熔接的智能标准件库[J]. 计算机辅助工程,2009,18(1):70－72.

[67] 乌景瑞. 基于知识库的滑动轴承设计研究[D]. 西安:西安交通大学,2008.

[68] Pinfold M,Chapman C. Using knowledge based engineering to automate the post－processing of FEA results[J]. International Journal of Computer Applications in Technology,2004,21(3):99.

[69] 吴祚宝. 有限元分析与以设计为中心虚拟制造系统的集成[J]. 机械工程学报,2000,8:43－46.

[70] 镇璐,蒋祖华,刘超,等. 语义 Web 中工程设计类知识表示研究[J]. 计算机工程,2007,22(12):199－200.

[71] 马军,祁国宁,樊蓓蓓. 基于本体的零件资源通用分类技术[J]. 机械工程学报,2010,46(9):150 – 157.

[72] 叶范波. 基于本体的制造企业业务过程知识集成研究[D]. 杭州:浙江大学,2008.

[73] 罗燕琪,陈雷霆. 专家系统中知识表示方法研究[J]. 电子计算机,2001(4):28 – 31.

[74] 赵震,吕士军,彭颖红,等. 冲裁模具结构设计知识表示与处理技术研究[J]. 中国机械工程,14(4):299 – 301.

[75] 修大鹏,高军,曹树梁,等. 冷挤压工艺设计领域异构知识的混合表示[J]. 锻压技术,2008,33(1):122 – 126.

[76] 于新刚,李万龙. 基于本体的知识库模型研究[J]. 计算机工程与科学,2008,30(6):134 – 137.

[77] 冯林. 基于粗糙集理论的不确定信息处理与知识获取方法研究[D]. 成都:西南交通大学,2008.

[78] 马玉良. 知识获取中的 Rough Sets 理论及其应用研究[D]. 杭州:浙江大学,2005.

[79] 王德鲁,宋学锋. 基于粗糙集 – 神经网络的产业集群生命周期识别[J]. 中国矿业大学学报,2010,39(2):284 – 289.

[80] 瞿彬彬. 基于粗糙集理论的决策信息系统知识获取研究[D]. 武汉:华中科技大学,2006.

[81] 张慧哲,王坚,梅红标. 一种变相似度的模糊粗糙集属性约简[J]. 模式识别与人工智能,2009,22(3):393 – 398.

[82] 路艳丽. 基于直觉模糊粗糙集的属性约简[J]. 基于直觉模糊粗糙集的属性约简[J]. 控制与决策,2009,24(3):335 – 341.

[83] 叶玉玲,伞冶. 基于遗传算法的粗糙集混合数据属性约简[J]. 哈尔滨工业大学学报,2008,40(5):683 – 687.

[84] 宋欣,郭伟,王志勇. 基于实例推理的可倾瓦推力轴承方案设计[J]. 计算机集成制造系统,2009,15(8):1478 – 1483.

[85] 刘志杰,史彦军,腾弘飞. 基于实例推理的全断面岩石隧道掘进机刀盘主参数设计方法[J]. 机械工程学报,2010,46(3):158 – 164.

[86] 代荣,何玉林,杨显刚,等. 摩托车智能设计的实例推理与规则推理集成应用研究[J]. 中国机械工程,2008,19(11):1363 – 1368.

[87] 胡中豫,申涛,李高峰,等. 基于案例与规则推理的干扰查找专家系统[J]. 计算机工程,2009,35(18):185 – 190.

[88] 宋欣,郭伟,王志勇. 基于回归分析和规则推理的实例调整机制[J]. 天津大学学报,2009,42(2):95 – 100.

[89] Lu Z J,Leong H Y. Stress analysis of the rotatable arm of a coal mining machine[C]. 4th Int ANSYS Conf Exhib,1989,Part 2,10 – 17.

[90] Javier Toraño,Isidro Diego,Mario Menéndez. A finite element method (FEM) – Fuzzy logic (Soft Computing) – virtual reality model approach in a coalface longwall mining simulation[J]. Automation in Construction,2008,17:413 – 424.

[91] 陶嵘,孙燎原,王彦英. 采煤机螺旋滚筒的参数化设计[J]. 煤矿机电,2007,1:55 – 57.

[92] 杨丽伟,汪崇建,冯泾若. 基于虚拟样机技术的采煤机仿真[J]. 煤矿机电,2005,6:47 – 49.

[93] 向虎. 采煤机调高系统的虚拟样机仿真[J]. 煤矿机械,2006,27(12):27 – 29.

[94] 廉自生,刘楷安. 采煤机摇臂虚拟样机及其动力学分析[J]. 煤炭学报,2005,30(6):801 – 804.

[95] 张勤. 基于模拟退火算法的螺旋滚筒装煤性能参数优化设计[J]. 2005,33(9):17 – 19.

［96］宋纪侠．采煤机工作参数的优化设计［J］．辽宁工程技术大学学报,2005,4:184－186.

［97］Chen Y Q,Li Z J,Guo J X. et al. Study of knowledge－based engineering(KBE) technology for the cutting of large containers［J］. Applied Mechanics and Materials. 2008,v10－12:817－821.

［98］Tsai Yilung,You Chunfong,Lin Jhenyang,et al. Knowledge－based engineering for process planning and die design for automotive panels［J］. Computer－Aided Design and Applications. 2010,7(1):75－87.

［99］Barai S,Pandey P C. Knowledge based expert system approach to instrumentation selection［J］. Transport, 2004,19(4):171－176.

［100］Nkamvou R,Fournier V P,Nquifo E M. Learning task models in ill－defined domain using an hybrid knowledge discovery framework［J］. Knowlege－based System,2011,24(1):176－185.

［101］王慧．饰品设计知识获取方法研究及其应用［D］．杭州:浙江大学,2007.

［102］Wang Yong,Xing Hongjie. Knowledge discovery and integration based on a novel neural network ensemble model［C］. 2006 2nd International Conference on Semantics Knowledge and Grid,SKG. 2006,11:9－10.

［103］Mitsyhiro M,Akinori K. A design of rough set processor for knowledge discovery［C］. Proceeding of the 12th International Symposium on Artificial Life and Robotis,2007,440－441.

［104］沈卫华．面向知识管理的模具设计知识表达与处理方法研究［D］．广州:广东工业大学,2005.

［105］Liu Jingzheng,Li Lingling,Li Zhigang,et al. Study on knowledge expression methods and reasoning strategies in iintelligent CAD system［J］. Key Engineering Material. 2010,v419－420:321－324.

［106］宋玉银,蔡复之,张伯鹏,等．基于实例推理的产品概念设计系统［J］．清华大学学报(自然科学版),1998,38(8):5－8.

［107］彭颖红,郑洁．KBE 技术及其在产品设计中的应用［M］．上海:上海交通大学出版社 2006.

［108］李贵轩,李晓豁．采煤机械设计［M］．辽宁:辽宁大学出版社,1986.

［109］Miranda F S,Mariano H,Kulesza U,et al. Automating software product line development:A repository－based approach［C］. Proceedings－36th EUROMICRO Conference on Software Engineering and Advanced Applications,SEAA,2010:141－144.

［110］冯豪．面向摩托车智能设计的知识库系统研究与应用［D］．重庆:重庆大学硕士学位论文,2005.

［111］Bohm M R,Srone R B. Product design support:Exploring a design repository system［C］. Proceeding of the ASME Computers and Information in Engineering Division,2004:55－65.

［112］高鑫,李琳．基于.NET 的参数化模型库的开发［J］．计算机与现代化,2007,146(10):131－133.

［113］张东民,廖文和,程筱胜,等．复杂机械产品的层级实例库研究［J］．中国机械工程,2009,20(1):48－51.

［114］汪文虎,杨丽娜,张西涛,等．涡轮叶片精铸模具 CAD 系统参数规则库设计［J］．现代制造工程,2005,15:70－73.

［115］黄勇,张博林,薛运锋.UG 二次开发与数据库应用基础与典型范例［M］．北京:电子工业出版社,2008.

［116］杨慧珍,薛静静．材料手册［M］．北京:中国铁道出版社.1996.

［117］(美)莫维尼(Moaveni S).有限元分析－ANSYS 理论与应用［M］．北京:电子工业出版社,2008.

［118］黄亦潇．客户知识获取的理论与应用研究［D］．北京:电子科技大学,2006.

［119］张文修．粗糙集理论与方法［M］．北京:科学出版社,2008.

［120］王长忠,陈德刚．基于粗糙集的知识获取理论与方法［M］．哈尔滨:哈尔滨工业大学出版社,2010.

［121］王彪,段禅伦,吴昊．粗糙集与模糊集的研究及应用［M］．北京:电子工业出版社,2008.

[122] 胡寿松,何亚群. 粗糙集决策理论与应用[M]. 北京:北京航空航天大学出版社,2006.

[123] 陈水利. 模糊集理论及其应用[M]. 北京:科学出版社,2008.

[124] Cios K J,Teresinska A,Konieczna S,et al. A knowledge discovery approach to diagnosing myocardial perfusion:Applying a six - step discovery process to a database of SPECT bull's eye maps of the heart[J]. IEEE Engineering in Medicine and Biology Magazine,19(4):17 - 25.

[125] 纪赖恩,李秀娟,许晓东,等. 一种改进的基于差别矩阵属性约简算法及其应用[J]. 计算机与数字工程,2010,38(6):13 - 16.

[126] 刘业政,焦宁,姜元春. 连续属性离散化算法比较研究[J]. 计算机应用研究,2007,24(9):28 - 33.

[127] Xie Hong,Cheng Haozhong,Niu Dongxiao. Discretization of continuous attributes in rough set theory based oninformation entropy[J]. Jisuanji Xuebao/Chinese Journal of Computers,28(9):1570 - 1574.

[128] Nunez K,Chen J,Chen P,et al. Empirical comparison of greedy strategies for learning Markov networks of treewidth k[C]. Proceedings - 7th International Conference on Machine Learning and Applications,2008:106 - 111.

[129] Xiao Di,Zhang Junfeng,Hu Shousong. Generalization rough set theory[J]. Journal of Donghua University (English Edition),2008,25(6):654 - 658.

[130] 杨明. 一种基于一致性准则的属性约简算法[J]. 计算机学报,2010,33(2):231 - 239.

[131] Khorasani A M,Jalali A A,Khorram A. Chatter prediction in turning process of conical workpieces by using case - based reasoning(CBR) method and taguchi design of experiment[J]. International Journal of Advanced Manufacturing Technology,2010:1 - 8.

[132] Surai Z,Delimata P. On k - NN method with preprocessing[J]. Fundamenta Informaticae. 2006,69(3):343 - 358.

[133] Ravikumar S. Machine learning approach for automated visual inspection of machine components[J]. Expert Systems with Applications. 2011,28(4):3260 - 3266.

[134] 杨志民,刘广利. 不确定性支持向量机原理及应用[M]. 北京:科学出版社,2007:57 - 63.

[135] Lingras P,Butz C J. Rough support vector regression[J]. European Journal of Operational Research,2010,206(2):445 - 455.

[136] Mao Wentao,Yan Guirong,Dong Longlei,et al. Model selection for least squares support vector regressions based on small - world strategy[J]. Expert System with Applications. 2011,38(4):3227 - 3237.

[137] 汪凌,胡培. 基于改进粒子群优化的粗糙集连续属性离散化[J]. 计算机工程与应用,2010,26(15):115 - 117.

[138] Yamamoto D,Arimura H,Kakeda S,et al. Computer - aideda detection of multiple sclerosis lesions in brain magnetic resonance images:False positive reduction scheme consisted of rule - based,level set method, and support vector machine[J]. Computerized Medical Imaging and Graphics,2010,34(5):404 - 413.

[139] Song In ho,Chung Sungchong. Intergrated CAD/CAE/CAI verification system for web - based PDM[J]. Computer - Aided Design and Applications,2008,5(5):676 - 685.

[140] Baguma R L,Jude T. A Web design framework for improved accessibility for people with disabilities (WD-FAD)[C]. Proceedings of the 2008 International Cross - Disciplinary Conference on Web Accessibility, W4A,2008:134 - 140.

[141] Dai X,Qin Y,Juster N P. A web - based collaborative design advisory system for micro product design assessment[J]. Applied Mechanics and Materials,e - Engineering and Digital Enterprise Technology,2008,

v10 - 12:220 - 224.

［142］侯亮,林祖胜,郑添杰. 基于网络的有限元分析专家系统［J］. 计算机集成制造系统,2008,14(3): 499 - 505.

［143］张弛. 异构组件互操作技术研究［D］. 西安:西北工业大学博士学位论文,2006.

［144］黎波,王荣桥. 基于 COM/DCOM 的分布式零件参数化［J］. 北京航空航天大学学报,2004,30 (12):1195 - 1199.

［145］Chen Lianqing,Hu Rufu,Li Yunjing. Research on injection molding machine distributive cooperation design system based on web and COM/DCOM technique［J］. Suxing Gongcheng Xuebao/Journal of Plasticity Engineering,2005,12:209 - 213.

［146］谢规良. 基于组件技术的车间计划调度系统研究［D］. 西安:西北工业大学,2003.

［147］王荣桥,黎波,樊江. 面向组件的分布式零件优化设计和数据管理系统［J］. 计算机辅助设计与图形学学报,2005,4:789 - 794.

［148］张红松. ANSYS 有限元分析从入门到精通［M］. 北京:机械工业出版社,2010.

［149］龚曙光,谢桂兰,黄云清. ANSYS 参数化编程与命令手册［M］. 北京:机械工业出版社,2009.

［150］Wang jian,Li Weili. Design and implementation of visualized workflow modeling system based on B/S Structure［J］. Journal of Donghua University(English Edition). 2007,24(1):75 - 78.

［151］Yang Aimin,Wu Junping,Wang Lixia. Research and design of test question database management system based on the three - tier structure［J］. WSEAS Transaction on Systems,2008,7(12):1473 - 1483.

［152］Cooper D,LaRocca G. Knowledge - based techniques for developing engineering applications in the 21st century［C］. 7th AIAA Aviation Technology,Integration,and Operations Conference. 2007,v1:146 - 167.

［153］郑人杰. 计算机软件测试技术［M］. 北京:清华大学出版社,1992.

［154］佟伟光. 软件测试［M］. 北京:清华大学出版社,2008.